穀物輸出の代償

穀物輸出の代償

服部正治著

知泉書館

まえがき

　本書は，穀物貿易において穀物輸出が輸出国農業に与える影響をアメリカに焦点を当てて歴史的に検証しようとするものである。とりわけ，19世紀後半以降の大平原地帯へ向けた小麦作付拡大，1930年代のダスト・ボウル，さらには1970年代以降注目を集め，現在世界の関心事となったオガララ帯水層の枯渇に注目して，穀物輸出の輸出国農業への影響を明らかにする。

　輸出国農業への影響と言っても，貿易相手として輸入国が存在するわけだから，輸入国と輸出国の間の，貿易さらには資本・人口移動を通じた関係の生成とそれがもたらした諸結果を検討することになる。その中で輸出国農業にもたらされた負の結果に焦点を当てる。

　私は，本書『穀物輸出の代償』の前著にあたる『穀物の経済思想史』（知泉書館，2017年）で，穀物輸入国イギリスでの穀物に関する経済論議を歴史的に検討した。イギリスは18世紀後半に穀物輸入国に転換し，20世紀初めには「週末しか自給できない」国と言われるほど農業の外部化を進め，穀物自給率を低下させた。そして二つの世界大戦を経て，世界での経済的地位を低下させ経常収支の赤字国になるなかで，EC加盟による共通農業政策を通じて穀物自給率を向上させた。イギリスは1980年代になって，2世紀ぶりに穀物自給国に復帰した。

　この歴史的過程を検討する中で，ある種の違和感が頭から離れなかった。それは，イギリスの多くの経済学者，政策論者が自由貿易の意義を唱え，穀物輸入制限を批判し，穀物輸入の輸入国にとっての利益を強く訴えたにもかかわらず，穀物輸出が輸出国にいかなる利益をもたらすのかについて，彼らがほぼ語っていないことであった。

　A. スミス，D. リカードウ，T.R. マルサスら古典経済学の時代においては，穀物の生産，分配に関する法則を基軸にして彼らの経済学の体系が構成されていた。それは穀物が人間存在に不可欠な財であるととも

に，人間は日々の生活において穀物の摂取をつうじて自らを維持し，労働という社会的活動を行い，こうして社会を構成しているからであった。経済学は人間活動の全体的結果としての社会の物質代謝過程を総体として捉える学として成立した。とくにリカードウは，穀物の生産性が利潤を制約し経済発展を規定すると論じ，穀物の生産性，それを規定する土地の肥沃度に重要な位置を与えた。彼は，経済学の主要課題は穀物の価値とその各階級への分配法則の確定にあると明言した。

　リカードウはその外国貿易論で，自由貿易の下では「自然が賦与した特殊な能力を最も効率的に使用する」ことで，世界の生産量は増加し「全般的利益」が普及する，と述べた。しかもその際わざわざ，金属製品がイギリスで，穀物がアメリカとポーランドで生産される例を書き添えた。

　ところがそのリカードウは，穀物輸入の利益を説く一方で，穀物輸出国に対しては穀物輸出の利益にほとんど言及しなかった。自国農業の生産様式と穀物輸出国のそれとの相違にも特別の関心を寄せなかった。また穀物輸出が輸出国農業になにをもたらすかについては，具体的に追及することなく収穫逓減という自然の法則を一般的に当てはめるに留まった。

　これに対して穀物輸出国の側からは，自由貿易は穀物輸出国を輸入国の農業植民地の地位に固定化し，自国の経済発展を深く制約するという批判がなされた。さらに，穀物輸入国イギリスは輸出国から彼らの土壌の肥沃性の条件を奪い去り，吸血鬼のごとく輸出国の生き血を吸っているとの厳しい批判までがなされた。ここでは，輸出された穀物は国内で消費・分解されることなく，こうして輸出国の地力回復に資することなしに，輸入国に取り去られた事実が指摘されていた。

　こうした穀物輸出国からの批判の中で，イギリスは19世紀後半から資本輸出ならびに移民を通じて，とくにアメリカをはじめとする国々での開拓農業を推し進めた。低い自給率にもかかわらず，イギリスが第一次世界大戦を乗り切ったのは，その成果であった。後にJ.M.ケインズは，海外での鉄道を含む社会インフラへの英国資本投資のもたらした意義に関連して，「われわれはわれわれ自身のために，海外からの安価な食料の供給を可能にした」と述べることができた。

穀物輸入国イギリスに安価な食料をもたらした穀物貿易は，穀物輸出国の農業になにをもたらしたのか。

　本書の第 1-4 章は，『立教経済学研究』75 巻 3 号（2022 年 1 月），76 巻 1 号（2022 年 7 月），76 巻 2 号（2022 年 10 月）に発表した論文を改定したものである。第 5 章は今回新たに書き下ろした。また本書と共通の問題意識で発表された「アフリカ植民地開発と農業科学――グランドナッツ計画の破綻」（『立教経済学研究』76 巻 4 号，2023 年 3 月）は，内容構成上の考慮から本書には収録しなかった。

目　　次

まえがき………………………………………………………………… v

第 1 章　リカードウと土地の肥沃度 ……………………………… 3
  1　肥料と収穫 …………………………………………………………… 4
  2　自由貿易下の穀物輸入量 …………………………………………… 6
  3　輸出国・輸入国の農業生産様式 …………………………………… 11
  4　収穫逓減 ……………………………………………………………… 13
  5　「本源的で不滅な力」 ………………………………………………… 18
  6　第一次的自然と第二次的自然 ……………………………………… 21
  7　肥　　料 ……………………………………………………………… 24

第 2 章　豊かな土地における欠乏──リカードウとアイルランド …29
  1　「社会の異なった段階」 ……………………………………………… 29
  2　『原理』初版第 5 章：アイルランド ……………………………… 32
  3　ジョージ・エンサー『諸国民の人口に関する研究』…………… 36
  4　『原理』第 2 版での改訂 …………………………………………… 39
  5　「新国」アイルランド ……………………………………………… 41
  6　ジャガイモ …………………………………………………………… 46
  7　不在地主 ……………………………………………………………… 49

第 3 章　穀物輸入源の変移 ………………………………………… 57
  1　穀物輸出国での土壌疲弊 …………………………………………… 57
  2　輸入穀物の消費と分解 ……………………………………………… 63
  3　外部肥料の導入：グアノ …………………………………………… 66
  4　穀物輸入国からみた輸出国農業 …………………………………… 78

5　小麦生産の拡大——西部へ……………………………………91

第4章　穀物輸出と土壌浸食……………………………………………107
　　1　新穀物輸入源の形成……………………………………………107
　　2　カナダ西部プレーリー開発……………………………………112
　　3　合衆国大平原開発………………………………………………120
　　4　「悲惨な」「汚れた」30年代……………………………………124
　　5　ダスト・ボウル…………………………………………………136
　　6　『大地のレイプ』…………………………………………………140
　　7　戦争と土壌保全…………………………………………………149

第5章　穀物輸出と地下水涸渇…………………………………………157
　　1　西経98度…………………………………………………………157
　　2　小麦の余剰………………………………………………………167
　　3　灌漑：オガララ帯水層…………………………………………176
　　4　飼料穀物生産と牛肉産業………………………………………188

あとがき……………………………………………………………………197
索　　引……………………………………………………………………199

穀物輸出の代償

第 1 章
リカードウと土地の肥沃度

---

　19 世紀初めに，当時の穀物輸入制限の支柱であった穀物法を批判したデイヴィッド・リカードウ（David Ricardo）の経済学は，資本蓄積に伴う地主・資本家・労働者への所得分配の傾向を確定することを通じて，穀物輸入国にとっての穀物法廃止の利益を理論的に基礎付けた。その際，賃金の動向が資本蓄積の基金である利潤を左右することを基本に置き，賃金動向を規定するものとして穀物価格を最重視した。一方，穀物価格を規定する無地代地である最劣等地を想定することで，無地代地以外の土地での超過利潤は地代に吸収されて，最劣等地での利潤は賃金を左右する穀物の生産性に直接に影響されることになる。穀物生産性は一定量の穀物生産に必要な投入資本・労働量によって示される。穀物生産に必要な投入資本・労働量は，農業改良という要因が介在するが，最終的には土地の肥沃度に規定される。こうしてリカードウの経済学体系においては，穀物価格を規定する最劣等地での土地の肥沃度がその基底の位置を占める。

　リカードウは，土地の肥沃度をどのように考えていたのか，そしてその理解の仕方がどのような問題を生んだのか。安価な穀物輸入が国の経済に与える影響をリカードウは強調したが，穀物輸出が国の発展にどのような影響をもたらすと考えていたのか。

1 肥料と収穫

　T.R. マルサス（Thomas Robert Malthus）は『人口論』第 2 版（1803年）で，「イングランドの土壌は施肥なしでは多量の生産はないし，土地に最も適した種類の肥料を作るには家畜が必要である」と記して，穀物生産に伴う肥料とそれをもたらす家畜飼育との意義を指摘した。さらにマルサスは，「土地改良」に対する大きな障害は「十分な量の肥料」を獲得することの困難とそれに伴う「費用」とであると記した。そして中程度の肥沃度の土地を大量に有する国は，土地の「劣化を防ぐために恒常的な施肥が必要」であり，「大量の肥料と労働」が既耕地に投入されれば改良の余地はきわめて大きいことを強調していた[1]。

　〈飼料なければ家畜なし，家畜なければ肥料なし，肥料なければ収穫なし〉というフランドル地方の格言は当時広く共有された認識であった。窒素固定作物としての牧草類（クローバー）栽培と家畜の厩舎内飼育を可能にする根菜類（カブ）栽培とを輪作体系に組み込んだ，いわゆるノーフォーク輪作の普及がその背景にあった。

　マルサスは『外国穀物の輸入制限政策に関する見解の根拠』（1815 年）では，「自然状態の土壌 natural soil」という観点からは劣った肥沃度しか有しないイギリスの「いくつかの地域で，近年生じた並外れた改良と驚異的な生産の増加」という事実に言及した。これは，以前には乏しい収穫しか生まなかったノーフォーク州コーク所領が改良によって小麦と大麦の有数の生産地になったことを指している。続いて，こうした改良がイギリスの珪藻土質の土地に及べば，それらの土壌の質は「ノーフォークの改良地域に匹敵する」ものになりうるし，全土に広がる劣等な品質の粘土質土壌においても同様の改良の余地は存在する，と記され

1）　T.R. Malthus, *An Essay on the Principles of Population,* Patricia James ed., vol. Ⅰ, Cambridge University Press, 1989, pp.320, 443. 大淵寛ほか訳『人口の原理 第 6 版』中央大学出版部，1985 年，381，524 ページ。加用信文『農法史序説』御茶の水書房，1996 年，84 ページ。

た[2]。

　穀物生産には肥料が必要であるという当然の認識をさらに進めて，穀物生産自体は土地から肥沃性を取り去る行為であるから，生産継続のためには肥料による補填が不可欠であり，肥料補填なしには穀物生産の継続は困難であると主張したのが，ハンフリー・デイヴィ（Humphry Davy）である。カリウムとナトリウムを発見し後に王立協会会長になる化学者デイヴィは，1793 年に発足した農業委員会（the Board of Agriculture）のための 8 回にわたる連続講義──『農業化学要綱』（1813 年）として公刊──を行った。1815 年穀物法改定前のことである。

　デイヴィは講義のはじめにこう明言した。すなわち，農業者は自らの経験から，「植物の生育過程で肥料は絶対的に消費される」という真理を確信しており，さらに耕地からの穀物の搬出がもたらす「土壌の疲弊」，そして牧場での家畜厩肥がもたらす土地への効力が，こうした真理を彼らに周知させた，と。講義の最後でデイヴィは，過去に肥沃な穀倉であった北アフリカ，小アジア，シチリア島が現在の不毛状態になった例をあげてこう述べた。「一国からの穀物の輸出は，それを補って肥料となりうる何物かがもたらされない場合には，最終的には土壌を枯渇させる傾向があるにちがいない」。イギリスは現在，穀物，砂糖，獣脂，油，皮革，毛皮，ワイン，絹，綿，魚類など「その使用と分解が土地を豊かにするにちがいない物質」を輸入している。他方イギリスの輸出財で土壌から取り去られる栄養分を含むものは毛，麻，皮革品にすぎない，と[3]。

　デイヴィは，この連続講義に先立つ著作『土壌分析』（1805 年）で，「植物性もしくは動物性肥料を与えることで，作物は一時的に栄養が付与されるにすぎず，こうして与えられた栄養は，あらゆる場合に，一定数の収穫によって枯渇される」と述べていた。ただし収穫によって取り去られた土地養分が補填されれば，土地の肥沃度は維持される。「土壌の構成，構造を改良する労働は大きな永続的利益によって報われる。

---

　2)　Malthus, *The Grounds of an Opinion on the Policy of Restricting the Importation of Foreign Corn,* London, 1815, pp.20-21.

　3)　H. Davy, *Elements of Agricultural Chemistry, in a Course of Lectures for the Board of Agriculture,* London, 1813, pp.20, 312-13.

〔その場合には〕必要な肥料は少なくて済みその肥沃度は保証される。こうして投下された資本は永く生産性を，したがって土地の価値を保証する」[4]。土壌の化学分析の重要性が強調された。

2　自由貿易下の穀物輸入量

　リカードウは『利潤論』（1815年）と『農業保護論』（1822年）[5]で，穀物自由貿易の下でもイギリス農業を破壊するほどの大量の小麦輸入は生じないと述べた。『利潤論』では輸入量は「わずか数週間分の消費量」（IV, pp.28,31）とされ，『農業保護論』では「膨大な量」の輸入者にはならない（IV, p.265）と記された。またトロワ（Hutches Trower）宛の手紙（1821年10月4日付）でも，輸入量は「わずか数週間分の消費量にすぎない」と繰り返された（IX, p.86）。
　リカードウは議会でも1822年農業不況委員会報告に関して，「もし自然の成り行きに任せられるなら，わが国は一大製造業国になるだろう。だがわが国は一大農業国のまま留まりもするであろう。実際イングランドが農業国でなくなることはありえない」と述べた。さらに自分の穀物貿易自由化案が採用されても「わが国の資本を農業から製造業へ転換する」ことにはならず，「わが国の資本のうちのもう少し多くの部分を徐々に製造業に使用する」にすぎない，と演説した（1822年5月9日。V, pp.180,181）――この時には，リカードウはアイルランド・ポータリントンのポケット選挙区選出の下院議員であった。
　比較生産費説の提唱者として知られるリカードウも，自由貿易下での

　4）　Davy, *On the Analysis of Soils, connected with their Improvement,* London, 1805, pp.16,179. David Knight, Agriculture and Chemistry in Britain around 1800, *Annals of Science,* no.33, 1976, p.191; Peter M. Jones, Making Chemistry the 'Science'of Agriculture, c.1760-1840, *History of Science,* vol.54, no.2, 2016, p.179; Paul Warde, *The Invention of Sustainability: Nature and Destiny, c.1500-1870,* Cambridge University Press, 2018, p.299.

　5）　*An Essay on the Influence of a Low Price of Corn on the Profits of Stocks,* London, 1815; *On Protection to Agriculture,* London, 1822. 以下リカードウからの引用は Piero Sraffa ed., *The Works and Correspondence of David Ricardo,* Cambridge University Press, 11 vols, 1951-73 から行う。すべての巻が翻訳されている（雄松堂書店）が，参照の際は巻数とページのみを本文中に示す。訳文にはすべて手を加えた。

穀物輸入量に明確な限界を認めていた。

　こうした判断の根拠は，『利潤論』においては，事実上穀物輸入への制限が小さかった対仏戦争中の小麦輸入実績に求められた。『利潤論』では，1815 年穀物法改訂をめぐって，穀物輸入制限による国内劣等地耕作の進行が輸入国イギリスにもたらす利潤減少の論証に議論の中心が置かれており，輸出国の収穫逓減については特に言及されない[6]。

　しかし『利潤論』執筆（1815 年 2 月）の直前に，リカードウはマルサス宛の手紙（1815 年 1 月 13 日付）で，「もしわが国への穀物の自由な輸入が認められると，それが外国の資本を外国の土地に向かわせる限り，〔劣等地耕作の進展によって〕外国の利潤を引き下げる傾向をもつでしょう。そしてもし，大地全体 all the earth が同じ程度の熟練をもって同じ水準にまで耕作されるならば，……利潤率はいたるところで同一となるでしょう」（VI, p.171. 強調は原文）と書いていた。

　収穫逓減法則を輸出国にも適用するための議論の枠組みはでき上がっていた。しかもまったく抽象的に，「大地全体が同じ程度の熟練をもって同じ水準にまで耕作された」場合の両国の利潤率の均等が述べられている。利潤率が均等になるとされる外国での穀物生産様式とイギリスでのそれとのちがいには言及されない。そこでは具体的な耕作様式は問題とされず，あくまで劣等地耕作の進展という共通の基準に従って，両国の利潤率の水準が規定される。

　収穫逓減を穀物輸出国・輸入国両方に適用する形で，自由貿易の下で輸出・輸入両国の穀物価格は（輸送費を差し引いた）ある点で一致し，その場合の輸入量は大きくはならないという論理を明確に示したのが，『農業保護論』である。そこでは，穀物自由貿易下の輸入量に関する判断が以下のように基礎付けられた。

　　「諸外国における穀物の報償価格を大きく上昇させることなしには，きわめて大きな分量を外国から獲得できない……。必要な量がポーランドおよびドイツの内陸部からもたらされるのにつれて，陸上輸送費によって費用は大きく増加するであろう。より多くの供給量を

---

[6]　服部正治『穀物の経済思想史』知泉書館，2017 年，第 3 章を参照。

生産するためにも，それら諸国はより劣等な質の土地に依存せざるをえなくなるであろう。そして一国の穀物全体の価格を規定するのは，最も重い諸負担を要する最劣等地における穀物生産費であるから，外国生産者を報償するのに必要な価格が上昇しない限り，大きな追加量が生産されることはありえないであろう。外国で価格が上昇するのにつれて，国内でより貧しい土地を耕作することが利益になるであろう。それゆえに，需要の最も自由な状態の下でも，われわれはきわめて大量の輸入者にはならない，というあらゆる見込みがある」(IV, p.265)。

1815年1月のマルサス宛の手紙と同じく，ここでも，穀物自由貿易による輸出国（主にプロイセン，ポーランド）での耕作拡大と輸入国（イギリス）での耕作縮小とに対して，輸出・輸入両国での農業生産様式のちがいに言及することなく，生産様式に係わりのない自然の法則としての収穫逓減を両国に適用する形で議論が展開された。リカードウは『経済学および課税の原理』（初版 1817 年，3 版 1821 年）では，収穫逓減を「土地の生産力を制限した自然の法則」（I, p.126），「土壌の自然の貧困」（I, pp.160,166）と表現した。

収穫逓減は——さまざまな人為的土地改良によってその作用は直截にはならないものの——あくまで「自然の法則」，すなわちどの国にも適用可能な共通の法則として捉えられた[7]。

リカードウは『原理』序文で，大地の生産物の地主・農業資本家・農業労働者間への分配を規制する法則を確定することが経済学の主要問題だと明言した。当時，穀物輸入国イギリスでは地主・農業資本家・農業労働者からなる資本主義的農業生産が支配的なのに対し，穀物輸出国プロイセン，ポーランドでは農業資本家層を欠く領主経営の下でさまざまな封建的制約という母斑をもつ農業生産者による穀物生産が行われてい

---

[7] コリソン・ブラックの指摘は鋭い。すなわち，リカードウは「自身が想定した制度の社会的・歴史的背景を説明することなしに」土地生産物の三階級への分配モデルを構築した。したがって「彼の『原理』には土地保有形態や耕作様式に関するはっきりとした言及はない」。R.D.Collison Black, *Economic Thought and the Irish Question 1817-1870*, Cambridge University Press, 1960, p.15.

た。リカードウはこの点に言及することなく,『農業保護論』では輸出国・輸入国の最劣等地の穀物生産費用（と輸送費用）を比較することで,自由貿易下での穀物輸入量が大量にはならないと結論付けたのである。

　しかしながら，1821年農業不況委員会でバルト海穀物商人ソリイ（Edward Solly）の証言が強調していたのは，イギリスでの小麦価格が輸出港ダンツィヒ（現在のポーランド，グダニスク）での輸出価格を左右していたという現実であった。これはプロイセン，ポーランドでは，小麦は国民のパン用穀物ではなく生産量も少なく，イギリスの高い小麦価格に応じてエルベ川以東の大経営から輸出用に小麦が集められた現実を反映していた[8]。

　トラワはリカードウ宛の手紙（1821年9月13日付）で，リカードウから送付された農業不況委員会証言録の読了の感想として，ジェイコブ（William Jacob：後に商務院穀物報告監査官）の証言を取り上げ，「ジェイコブの証言は，外国農業に関するいくつかの興味深く重要な情報を含んでいます」（IX, p.67）と記した。ジェイコブの証言は大陸農業の生産様式のイギリスのそれとのちがいを強調するものであり，それに基づいて大陸諸国の小麦輸出能力の低さを指摘するものであった[9]。だがリカードウは返信（1821年10月4日付）で，「ジェイコブ氏の〔証言した〕事実は興味深いものですが，問題の科学的部分については氏はまったく粗雑だと思いました」と断言した（IX, p.87）。

　そのジェイコブは委員会で，ヨーロッパ最大の穀物輸出港ダンツィヒへの穀物生産地である東部ドイツ，ポーランドでの大所領の窮状をこう指摘した。すなわち，こうした大所領では「ある程度はイギリスの〔進んだ〕制度に倣う」ことが可能だが，ナポレオン戦争後の穀物価格低落のために「恐るべき混乱状態」に陥り，それら「所領は全体として抵当に入れられ，非常に多くの所領が売りに出されているが買い手も見つからない」状態にある。その結果，領主への地代──それは，主に「耕作人・僕卑・農耕用馬による労働，ならびに一部は現物，そしてほんのわ

　8）　服部『穀物の経済思想史』129-30ページ。
　9）　服部『穀物の経済思想史』第4章；Masaharu Hattori, Ricardo and the Committee on Agricultural Distress of 1821, in Shigeyoshi Senga et al. ed., *Ricardo and International Trade*, Routledge, 2017, pp.260-61；服部『穀物法論争』昭和堂，1991年，2・3・4章。

ずかの割合が貨幣」で支払われる——は大幅に低下している，と。

　ジェイコブは，ライ麦，そして近年はジャガイモを日常食とする彼ら生産者がもたらす小麦輸出余剰は，各地でその消費量全体の3日分，大陸全体を合わせても最大イギリスの6-7週間分の消費量にしかならないと見積もった[10]。

　当時プロイセン（ならびにオーストリア，ロシア）に分割支配されていたポーランドがヨーロッパの穀倉と呼ばれ，イギリスの小麦輸入に占めるプロイセンの割合が高かったのは，ポーランドでの土地の肥沃度が高く，小麦の生産力が高かったからではない。小麦が農民の食用ではなくて輸出用だったからであり，農民の劣悪な生産条件と生活水準が，割高な輸送コストを吸収したからである。ジェイコブは，地力維持が不十分なまま過去2世紀の間小麦を輸出しつづけた結果，「ポーランドの耕地は過度の作付による〔地力の〕枯渇状態に近づきつつある」と評した[11]。

　ジェイコブが「ドイツのアーサー・ヤングであり，ヨーロッパ最良の農業著作家にして最も有能な実際的農業者」[12]と評した，ドイツでの近代農法の提唱者 A. テーア（Albrecht Thaer）は『イギリス農業入門』（1798-1804年）で，イギリスの進んだ農業方式を詳しく分析紹介し，その導入の必要と導入のためのドイツ農業の改革とを唱えていた。またテーアは主著『合理的農業の原理』（1809-12年）では，輪栽農法を実施する経営の成立のためには商品生産に対する封建的制約の除去が大前提であり，収穫物の商品としての販売，土地と労働との「正当な価値関係」の成立が必要なことを主張していた。その前提として，「土地所有

---

10) *British Parliamentary Papers[BPP], Report from the Select Committee to whom the Several Petitions complaining of the Depressed State of the Agriculture in the United Kingdom were referred,* 1821, reprinted by Frank Cass, 1968, pp.357-59, 366, 371。マルサスは『経済学原理』（1820年）で，農民が長期間特定種類の穀物を主食としてきた国では，「他の種類の穀物を十分豊富に生産できるようになる前に，その農業システム全体を変更しなければならない」(Malthus, *Principles of Political Economy*, p.257. 小林時三郎訳，岩波文庫，下27ページ）と記した。大陸ヨーロッパが名指されていないが，十分妥当する。この場合には特定種類の穀物はライ麦であり，他の種類の穀物は小麦である。

11) Jacob, *Report on the Trade in Corn, and the Agriculture of the North of Europe,* London, 1826, p.99：服部「安い食料の本当のコスト」『現代思想』2018年3月号。

12) *BPP, op.cit.,* p.374.

の完全さと圃場利用の自由」が強調された。このために，なお残存する「すべての労働が賦役だけ」で行われる経営では，輪栽農法は適用不能とされた。ところが実際には賦役が「普通の労働として日常化」しているのがドイツの現実であった。しかも輪栽農法経営への移行のためには「多額の経営資本と高度な農場属具」が不可欠であった[13]。

そのテーアはドイツの現状を反映して，『合理的農業の原理』第2編「経営・農法論」で賦役 Fron（役畜賦役，人力賦役）の項目を立て，賦役の廃止は公共の福祉にとって緊急の課題であるとしつつも，実際には「仕事の一部は，多かれ少なかれ賦役で行われることが多い」と記さざるをえなかった[14]。イギリスの進んだ農業様式を目標としつつも，ドイツの遅れた現状を直視したのである。

3　輸出国・輸入国の農業生産様式

各国の農業生産様式の相違に対するリカードウの関心は低い。その例を，マルサス『経済学原理』（1820年）への評注（『マルサス評注』）にも見ることができる。マルサスは『経済学原理』第3章「地代論」で，東洋君主による苛斂誅求が土地肥沃度の制約がもたらすよりも早期に地代を引き上げ，農業利潤と賃金を引き下げた例をあげ，それは「ヨーロッパの初期の社会段階」でもある程度作用したと述べた。そしてヨーロッパの過去の隷農 slave による耕作の時代に続く分益小作制度 metayer systems も，耕作者にはきわめて低水準の生存を許す分配分しか与えられない制度であったことに言及した。

　　「この事態においては，土地における利潤率は一般的な利潤率とはほとんど関連を持ちえなかった。農民が金を貯え職業を変えるのは最大の困難なしには無理だった。商工業で資本を蓄積した者で，この資本を分益農として他人〔＝地主〕の土地の耕作に投ずる者は誰

---

13) Albrecht Thaer, *Grundsätze der rationellen Landwirthschaft*, 1809-12. 相川哲夫訳，農文協，2007-08年：底本は1837年新版。上巻394, 396, 449ページ。

14) 同上，上巻201ページ。

一人いなかった。これはまったく確実である。こうして商工業と農業の間で資本の交替はほとんど、あるいはまったくなかった。この結果商工業と農業との利潤は、きわめて不均等であった」[15]。

資本主義以前の、一般的利潤率の成立要件を欠いた事情をマルサスは説明したわけである。

マルサスがあげた例は、典型的にはフランドル地方で12-15世紀に広まった分益小作農民を念頭に置いていたと思われる。彼らは収穫を地主と折半する条件で、しかも耕作にかかわるさまざまな制約の下で種子・家畜・農業用具を地主から貸出されて地主の土地を耕作する農民であった。A. スミス (Adam Smith) は『国富論』第3編2章で、奴隷耕作者に次いで現れた分益小作農民に関してこう記していた。すなわち、彼らは収穫の半分を地主に差し出す以上、自分の取り分から蓄積したわずかな資本の一部を土地改良に投下する意欲は持たず、こうして土地改良投資は阻止された、と[16]。

マルサスの文章に対してリカードウは、「農業利潤は、農業者 farmer への報酬が、地代を支払った後で、彼の労働者 labourers の維持ならびにその他必要な経費のために支出しなければならない量に比べて、量において大きければ高いであろう。利潤は主に、地代がほとんどあるいはまったく支払われない土地の肥沃度に依存する」（Ⅱ, pp.131-32）とコメントした。資本主義以前の生産様式と眼前のそれとのちがいには言及されず、利潤は最劣等地の肥沃度に依存するという自らの主張が繰り返された。

マルサスは大陸農業の後進性を認識し、その低い農業生産力の原因を――土地の自由な分割と譲渡を妨げる――「封建制度の残存」がもたらす「土地への資本投下を阻止する大きな障害」に帰していた。『人口論』

---

15) Malthus, *Political Economy,* pp.159-60. 訳、上 228 ページ。

16) Adam Smith, *An Inquiry into the Nature and Causes of the Wealth of Nations,* ed. by R.H. Campbell and A.S. Skinner, Clarendon Press, 1976, pp.390-91. そこに付された編者による詳細な注も参照。高哲男訳、講談社学術文庫、2020 年、上 565-68 ページ。スミスは、当時、フランス全体の 5/6 が分益小作人によって占有されており、またスコットランドの一部ではスティール・ボウ小作人と呼ばれる同種の耕作者が現在存在しているが、イングランドではすでに久しく廃止されていると述べていた。

第5版（1817年）ではこう記されている。すなわち，ポーランドやロシアの一部では社会全体が主として，下層民である農奴と貴族と大地主とから構成されており，国民は奴隷的状態にあり，「土地は農奴 boors によって耕作され，彼らの労苦の産物はすべてその主人に帰属する」。さらに「封建制度の残存」が取り除かれて商工業が発達し，農業と商工業の均衡が形成された社会では，土地への資本投下に対する障害がなくなり，灌漑や「十分な量の自然的また人工的肥料」といった農業改良によって土地の性質が変化すれば，「劣等地での耕作でも，優良地から以前に得られたよりも高い利潤を生むことができる」，と[17]。

4　収穫逓減

『農業保護論』で示された，自由貿易を行っても大量の穀物輸入国にはならないというリカードウの結論は，当時のヨーロッパ大陸での輸出国にみられる遅れた農業生産力の現状や脆弱な穀物輸送状況を前提にすれば，現実的な認識と言える[18]。だがこの現実的な認識も，輸出国輸入国の農業生産様式のちがいを脇に置いたうえで，所与の肥沃度をもつ各等級地を想定して，輸出国における耕作拡大に伴う新たな最劣等地での投入単位当たりの穀物生産量の減少，そして輸入国における耕作縮小に伴う新たな（以前よりも優良な）最劣等地での投入単位当たりの穀物生産量の増大という想定の下で，投入を労働・資本に産出を穀物に代表させるという論理に基づいて導き出された結論であった。

竹永進の研究は，リカードウの「地代論はあたかもすでに開墾されて可耕地となった豊度の異なる複数種類の土地（しかもそれぞれの土地の豊度はあらかじめ知られている）の存在を前提しているかのようである」，

---

17) Malthus, *Population,* vol. II , pp.29, 45-46, 49. 訳 447, 465-66, 469 ページ。

18) テューネン（Johann Heinrich von Thünen）は『孤立国』第1部（1826年）で，高い輸送費（小麦1クォータの生産コスト31シリングに対し輸送費が14シリング）のために，イギリスの農業者はきわめて有利であると指摘する。（『孤立国』近藤康夫著作集 第1巻，農文協，265ページ）。品質の点でもドイツ産小麦は英国産に比して劣り，低い価格評価しか与えられない。

と指摘した[19]。リカードウは自由貿易下での穀物輸入量が大きくないという結論を下すにあたって，竹永のこの指摘を輸入国にとどまらず輸出国側の土地にも拡張している。K. マルクス（Karl Marx）が『哲学の貧困』（1847年）で適切に述べたように，「リカードウは，ブルジョア的生産が地代を決定するのに必要なものとして仮定した後で，それにもかかわらず，それ〔＝地代概念〕をあらゆる地域の，あらゆる時代の土地所有に適用する」[20]。

　穀物輸出国の輸出量増加がそこでの劣等地耕作を進めて穀物価格を引き上げるケースが，『原理』では第28章「金，穀物および労働」にある。輸入禁止時におけるイギリスの穀物の自然価格が1クォータ6ポンド，フランスでのそれが3ポンドと仮定して，輸入禁止が解除された場合，イギリスでの穀物価格は両国の自然価格の中間ではなくて──輸送費を抜きにすれば──「究極的かつ永続的に」フランスの自然価格に下落する，と論じられる。そしてイギリスの需要が10万クォータでなく100万クォータであれば，「この大量の供給を調達するために，フランスはより劣等な土地に頼る必要に迫られ，おそらく自然価格はフランスで上昇するであろう」，そしてイギリスでの販売価格は上昇したフランスでの自然価格に規定される（I, pp.374-75），と。

　ここでの真意は，輸入国の穀物価格は輸出国の最劣等地の肥沃度によって規定される自然価格に「究極的かつ永続的に」左右されるということである。この場合，輸出国の──土地肥沃度の序列を前提にして──自然価格上昇と，（明示はされないが）イギリスでの100万クォータ分を生産していた劣等地耕作の放棄とが，抽象的に想定されている[21]。

―――――――――――――
19）竹永進「1860年代前半のマルクスの地代論研究（2）」『経済論集』111号, 2019年, 21ページ。

20）マルクス『哲学の貧困』的場昭弘訳, 作品社, 133ページ。「リカードウは一方で歴史を自然史と同一視し，他方で歴史が社会史であることを無視する……この歴史の抽象はやはり大きな意味をもつイデオロギーである」。千賀重義「リカードウ経済学における科学性と歴史の抽象」『立教経済学研究』77巻4号, 2024年, 17-18ページ。こうしたイデオロギーが，リカードウのアイルランドの貧困の理解にもたらした歪みについて，本書第2章を参照。

21）穀物輸入国での穀物需要が大きい場合の輸出国での価格上昇のケースについては「マルサス評注」（II, p.289）も見よ。また cf. VI, p.163. リカードウは『原理』第32章「地代についてのマルサス氏の意見」で，「外国穀物は地代を与えるような国産穀物とはけっして競争しない」（I, p.427）と書いた。これは，輸出国最劣等地で生産される穀物の自然価格が輸入国で生産される穀物の自然価格を，つまり地代を生まない最劣等地での価格を規定する

4 収穫逓減

　だが輸出国・輸入国両国での土地肥沃度の序列を前提にして，輸出国での自然価格の上昇と輸入国でのその低下を想定するこうした論法は，穀物輸出国の生産増加を序列の劣った土地での生産拡張という枠組みに流し込むことで，穀物輸出国の生産増加に伴う，優良地を含むすべての穀物生産地において失われた肥沃度の肥料による補填という問題の存在を曖昧にした。

　リカードウは『利潤論』で，穀物需要増加に伴う農業投資増加がもたらす農業利潤率低下を主張した。その際に，①第一級地と土地の肥沃度が等しいがより不利な位置からの穀物供給の場合には，遠距離輸送のために「より多くの労働者，馬など」の使用が必要になるとして，「同一量の生産物を得るために，より多くの資本を永続的に使用することが必要」になり，利潤は低下すると記した。②さらに，遠距離の新しい土地への投資が行われる代わりに，既耕の第一級地に追加投資がなされる例を出し，その場合でも不利な位置の土地耕作の場合と同じく利潤の低下が起きると述べた。②の例は内包的耕作拡張であるが，①の外延的耕作拡張の場合と同じく，リカードウが説明するように，理論的には同一事象である（IV, pp.13-14)[22]。こうして，『原理』での端的な表現を引用すれば，「地代は，つねに，同一の土地かあるいは異質の土地で，相等しい資本を用いて得られる生産物の分量の差に等しい」（I, p.333）。

　収穫に伴う土地肥沃度の低下と肥料による補填の必要という問題は，理論的には内包的耕作拡張のケースにおいて，一定量の収穫維持のための肥料投入増加の必要という形で考察されるべき事柄である。だが『利潤論』では，遠距離輸送に必要な労働，馬などの投入増加という外延的耕作拡張の論理で内包的耕作拡張を代替することで，デイヴィの言う，

ということを言い換えたものである。輸入国内での最劣等地以上の肥沃度をもつ，つまり地代を生む土地の個別価格は，輸出国の自然価格より低いからである。

　22）『原理』では，劣等地（外延的）耕作拡張が行われる前に既耕地への追加的資本投下（内包的耕作拡張）が「しばしば，いや実際普通に」行われると記されている。第一級地に最初に投下された資本による収穫が 100 クォータであり，同地への 2 回目の投下での収穫量が 85 クォータであっても，80 クォータの収穫を生む第三級地の耕作が行われる以前に，既耕地である一級地の内包的耕作が行われる。ここでの内包的耕作拡張は一定量の投入に対する産出量の減少という形で示される（I, p.71）。投入一定・産出低下という論法については，I, pp.70,113; IV, p.11 を見よ。産出一定・投入増加という論法については，I, p.111; IV, pp.13, 16, 18 を見よ。

穀物輸出国の穀作地での生産継続のためには，失われた肥沃度補填のために肥料の追加という投入増加が必要であることが隠されてしまった。

『原理』においても，第2章で地代の成立を説明した以下の文章は肥沃度補填のための肥料追加の必要性を，肥沃度の異なる土地耕作の進行に集約した表現となっている。すなわち，第三級の地質の土地が耕作されると，地代は第二級地に発生し，同時に第一級地の地代は上昇する。なぜなら，「一定量の資本と労働を用いてこれらの土地が産出する生産物間の差額だけ，第一級地の地代は第二級地の地代を上回らなければならないからである」。そして続く説明も，「等量の資本と労働を用いて」純生産物が100，90，80クォータと減少する例が出される。投入一定・産出逓減であり，産出逓減の原因は各級の「地質の差」に集約される（I, p.70）。

リカードウは，「農業における，また分業における改良は，すべての土地に共通であり」，こうした改良はそれぞれの土地で得られる生産物の絶対量を増加させるが，それらの間に改良前に存在した「相対的割合を大きく乱さないであろう」（I, pp.412-13）とも記した。だが，施肥という改良は収穫物や土地の性質によってその施用に必要な内容が異なるはずである。

自由貿易下での穀物輸入量は大きくないというリカードウの判断は，輸出国と輸入国両国に収穫逓減という共通の自然の法則を適用し，両国の生産性の変化を所与の肥沃度をもつ各等級地の使用拡大と縮小に代理させて，その時点での両国の穀物価格を規定する最劣等地の生産性を比較するという論法に依拠して導き出された。こうした論法は穀物輸入の利益をきわめて明晰に示すことに成功した。しかも併せて穀物輸入量に限界を置き，国内穀物生産の維持が可能である――「実際イングランドが農業国でなくなることはありえない」――ことをも明らかにした。

だがそれは，結果的に，穀物輸出国では輸出という収穫物の国外への取り去りのために，収穫によって失われた栄養分の土壌への還元ができないという事実を，自らの議論に組み入れない，もしくは組み入れる必要のないものとなった。穀物輸入国イギリスの立場に立って穀物自由貿易の利益を主張したリカードウは，輸出国の地力疲弊という問題に正面から向き合うことを回避した。

『原理』第3章鉱山地代論は，農地の地代とまったく同じ原理が鉱山にも適用されることを簡潔に述べている。また24章でもスミスの地代論を検討して，鉱山地代と土地地代とを左右する法則の間にはなんの区別もないことが強調された。すなわち，無地代地である最も貧しい鉱山の資本収益が他のより生産的な鉱山の資本収益と鉱山地代とを規定する。しかしながら，鉱山は埋蔵物の採掘が経済的に引き合わなくなれば，放棄されるだけであるのに対し，穀物輸出国の農耕地は，輸出国向けに食料を生産するのみならず，国内消費向けの食料を生産し続けるのである。

　本書第3章で言及するが，後にドイツの農業化学者リービヒ（Justus von Liebig）は，『現代農業書簡』（1859年）で「農業者は彼の耕地の生産物の形で，実際には彼の土地を販売している」，「彼の耕地の収穫物を全面的に譲渡することで，土地から再生産の条件を奪っている」と記し，そうした農業の在り方を「略奪農業」と呼んだ。さらにリービヒは『タイムズ』紙に公表された手紙で輸入国イギリスをこう批判した。すなわち，穀物輸出国は「穀物再生産の条件が……回復されなければ」穀物輸出をやめざるをえない。「イギリスは〔穀物輸出国である〕ヨーロッパの耕作地を略奪し，完全に枯渇させ，そうして彼らから穀物と肥料を供給する長期的能力を奪っている」，と[23]。

　穀物輸出国の地力低下という問題を比較生産費説の論理的帰結の形で論じた水田健の研究はこう表現した。「農業輸出国は利潤率が低下し成長が鈍化するのに対して，製造業に比較優位を持つイギリスのような国は，農産物を輸入して定常状態をまぬがれることができる。製造業に比較優位を持つ国は停滞を穀物輸出国に押し付けることになる」，と[24]。

---

[23] Liebig, *Letters on Modern Agriculture,* ed. by J. Blyth, London, 1859, p.177. Baron Liebig and Alderman Mechi [Letter from Liebig to Mechi], *The Times,* 23 December 1859, p.6.

[24] 水田「リカードウの資本蓄積論と国際貿易」『立教経済学研究』69巻4号，2016年，47ページ。

5　「本源的で不滅な力」

　なぜこうした論法がとられたのであろうか？
　リカードウは『原理』第2章地代論で，「すべての進歩した国においては，〔実際に借地料として〕年々地主に支払われるものは，地代と利潤の両方の性質を兼ね備えている」ことを認めている。ただしそれは「真の地代」とは区別されなければならない。厳密な意味での「地代は，大地の生産物のうち，土壌の本源的で不滅な力（the original and indestructible powers of the soil）の使用に対して地主に支払われる部分」（I,pp.67-68）と規定された。それは「土地の真の地代（the real rent of land）」（I,pp.175,262），「純地代 net rent」（I,p.347）また「正当に地代と呼ばれるべきもの」（I,p.261）である。土地改良に用いられた資本に対する報酬も年々地主に支払われ，一般には借地料（＝「地代」）を構成するが，それは利潤を含むものであり「真の地代」からは区別される。
　『原理』第2章で「本源的で不滅な力」という言葉が使われた長いパラグラフの中で，この表現は4度も繰り返された。ただし，『原理』でこの言葉が使用されるのはここだけである。また公刊されたリカードウの著作でも他には「本源的で不滅な力」という言葉は使われていない。しかもこの言葉は以下に述べるように，後に多くの批判の的になるとともに，穀物輸出国の抱える問題に対する輸入国の側の無関心という結果をも生み出すことになった。
　『利潤論』では，地代は「土地の本源的で固有の力（the original and inherent power of the land）の使用」（IV,p.18）に対する報酬と，注の中で述べられた。ここでも，地代は地主もしくは農業者の土地への資本投下に対する報酬部分とは区別され，「その他の部分だけが土地の本源的な力の使用に対して支払われる」と記されている。つまり，真の地代は土地への資本投下に基づく利潤とは区別される報酬であることが，ここでの趣旨であった。それが土地の「本源的で固有の力」という表現になったと考えられる。
　『利潤論』と比べれば，『原理』では「土地」が「土壌」に，「固有の」

が「不滅な」に,「力」が単数から複数に変わっている。「土壌」と「土地」——さらに「大地」——については, リカードウは特に区別していないので無視してもよい。「力」の単数複数も問題にはならない。しかし農業生産が行われ収穫物が取り去られれば, 土地の肥沃性は減少する。この意味で, 土壌は「本源的な」「固有の」力を有するという表現はありうるであろうが,「不滅な」力は有しないであろう。なぜ『原理』でリカードウは, 土壌には「不滅な力」があるという強い表現に変えたのであろうか。

大地＝自然には人知を超えた力が存在するという, 自然への畏怖がこうした表現をもたらしたのかもしれない。しかし, この変更の理由はよくわからない[25]。だがこの変更のために, 特に穀物輸出国の穀物生産がもたらすすべての土地の肥沃性減退に対する関心の希薄化——穀物輸出の増大を, あらかじめ序列付けがなされた, 肥沃度として劣る劣等地への耕作の進行として集約する論法への一元化——が生まれることになった。これでは, 最劣等地以外の優良地の肥沃度はそのまま維持されるとするに等しい。

論理的手続きとして, すべての土地の肥沃性減退という事象を肥沃度として劣る劣等地への耕作の進行という形で表現した, ということも可能かもしれない。堀経夫の研究の言葉を使って言いかえれば, 農業生産による「地力逓減」という現実を「地質不等」＝劣等地耕作と置き換え, そして地代を定義したことになる[26]。

しかし本書では, 穀物輸出国でのすべての土地の肥沃性減退という事象がもたらす意味を考えてみたい。

肥沃度の劣化に関して言えば, デイヴィが述べ, また後にリービヒが指摘するように, 土地耕作による作物の収穫によって, 最優良地であろうが最劣等地であろうが, いかなる土地においても——収穫によって奪われた栄養分が土地に戻されなければ——肥沃度は低下する。リカード

---

25) リカードウは設立直後のロンドン地質学会 (Geological Society of London) に 1808 年に入会し, 10 年には 7 人の常任管財人の一人になった。しかし学会の記録からも, 土壌には「不滅な力」があるという強い表現への変化の理由は読み取れなかった。Cf. H.B. Woodward, *History of the Geological Society of England*, 1907, pp.32,37,271,334; *Works*, X, pp.49-50.

26) 堀経夫『地代論史』大同書院, 1939 年, 100 ページ。

ウの言う,「土壌の本源的で不滅な力」というものが, 農業生産によっても変化しない(消耗しない)土壌の力であると理解されるならば, そうした「力」は土壌には存在しない。そもそも作物の生産は土壌の肥沃度を失わせる行為である。

マルサスは『地代論』(1815年)で, 土壌を「資本の充用による継続的改良が可能な, しかしきわめて異なった本源的な性質と力(very different original qualities and powers)とを持つ……多数の機械」と表現していた[27]。土壌は資本による改良が可能だが本源的には品質が異なる, という規定である。リカードウは『利潤論』で, 本源的に質の異なる多数の機械というマルサスの比喩を「正しい」と受け, 肯定的に活用した(IV, p.24)。マルサス『地代論』出版は1815年2月3日,『利潤論』は2月24日である。リカードウは『マルサス評注』でも同様の評価＝"excellent"(II, p.169) をした(Cf. VIII, p.208)。

『利潤論』での土壌の力の規定にあっては, マルサスの影響も重要かもしれない。だがマルサスには「不滅な力」という表現はない。すでに引用した『人口論』での文章からも明らかなように, またすでに紹介した『地代論』での文章からもわかるように, 土壌は本源的には性質が異なるが, 資本による「継続的改良」の可能な点が強調されている。

いずれにせよ『原理』では,「不滅な」＝「破壊されない」という強い表現になって, 土壌には耕作＝収穫という土地の使用によっては減らない「本源的な力」がある, と理解するのが自然な規定になっている。このように理解するのが自然であることは,『原理』での地代成立の説明において「本源的で不滅な力」が肥沃度と同一視されていることで, 了解されるであろう。

「豊かで肥沃な土地が豊富に存在する」国に最初に定住する場合には, 地代は存在せず, 人口増に伴って「第二級の肥沃度の土地」が耕作されると「第一級の地質」の土地に地代が発生するという彼の説明からすれば, いわゆる最優良地＝「第一級の地質」の土地で与えられる地代とはその土壌の「本源的で不滅な力」の使用に対する報償であるから,「本源的で不滅な力」は最も高い「肥沃度」と同じ意味で理解されることに

---

[27] Malthus, *An Inquiry into the Nature and Progress of Rent,* London, 1815, p.37.

なる。それには「自然的肥沃度 natural fertility」(I, p.67) という言葉が与えられ，各等級の土地が有するそれぞれの「肥沃度」は，「本源的」であるとともに「不滅な」力とされ，その大小に従って最優良地から最劣等地までが順序付けされる。

土地は「本源的で不滅の力」を有するという規定が，土地の肥沃度は「本源的で不滅な力」であるという規定に変換されれば，所与の肥沃度を持つ豊度の異なる複数種類の土地を想定して穀物輸出国と輸入国の関係を論ずることは，理論上の操作としては可能になろう。「本源的で不滅な力」を有する一国のそれぞれの土地を，その力に応じて順序付けし，穀物輸入量・輸出量に応じてその順序が上がり下がりすると説明することは，論理的手続きとしては理解し易いことは事実である。

6　第一次的自然と第二次的自然

加用信文の研究「農業における土地の経済的意味」(1970年) によれば，土壌の肥沃度＝豊度は土壌の物理的・化学的性質に規定され，各土地間で差異が生じる。この物理的・化学的性質はリカードウの言う「土壌の本源的で不滅な力」にあたる。

ただし実際に農業に用いられる土地＝農業用地は，「野生的な裸のままの自然としての土地」(これを第一次的自然と仮に呼ぶ) ではない。農業用地は農業の生産手段としての土地であり，なんらかの資本・労働の投下によって人工的に生産手段化された「加工された自然」(第二次的自然) というべきものである。この意味では，農業用地は一種の資本財である。ただし加用によれば，第二次的自然としての，資本財である農業用地の肥沃度も第一次的自然とは無関係に存在しない。第一次的自然による規定から逃れられない。すなわち，第一次的自然として本源的に含まれた土壌の属性である「物理的・化学的性質がそのまま〔第二次的自然としての〕農地の属性」となったものと解される[28]。

リカードウの言う，「土壌の本源的で不滅な力」とは，字義どおりに

---

28) 加用信文『農業経済の理論的考察』増補版，所収，御茶の水書房，1970年，11ページ。強調は原文。

解釈すれば，第二次的自然の中にあって，第二次的自然の肥沃度をなんらかの形で規定する第一次的自然（土壌の物理的・化学的性質）の属性ということになる。例えば粘土質の土地では通気不透性の地表になりがちであり，この意味では，第一次的自然の属性が第二次的自然の属性をなんらかの形で規定すると言えるであろう。

しかしながら，第一次的自然と第二次的自然とは区別されなければならない。

岩石は地表に長く露出すると風化作用によって物理的に細粒化し，次いで化学的に変質（粘土化）する。土壌学の定義では，この変質した層が風化殻（帯）であり，風化殻が物理的・化学的・生物学的変化によって分化した上部層が土壌とされる。風化殻の上層部である土壌は，植物の生育や再生産に必要な水と養分を供給する能力を有し，この能力が肥沃度 fertility を構成する。ここでは，植物再生産のための水と養分の供給能力（肥沃度）を有する土壌は，岩石や風化〔殻下層〕砕屑物には元来なかった新規の性質を有する自然体であることが留意されねばならない。この意味で，土壌は「気候，植生，地質上の起源による形態と構造をもつ，独自の自然生成物」である[29]。

したがって，第二次的自然のなかの第一次的自然という属性が第二次的自然である土壌肥沃度を規定するとしても，その規定の中身は地理的・気候的・年代的に影響を受けた間接的なものと言うべきである[30]。

テーアは『合理的農業の原理』第 3 編「土壌論」で，本来の「土」Erde と「作土」とを区別し，後者を「腐植」humus と名付けた。本来の「土」は，珪土，粘土，石灰土，苦土から構成されており，どんな自然力をもってしても破壊できない「不可滅的 immutable 物体」であり，本質的に変えられない性質をもつ。これに対し，「腐植」は作物生産に

---

29) 松井健『土壌地理学序説』築地書館，1988 年，109，115 ページ。アルバート・ハワード『農業聖典』保田茂監訳，有機農業研究会，2003 年，原著 1940 年，33 ページ。

30) アメリカの土壌学者マルバット（Curtis Marbut）の言葉（1936 年）を引用しておきたい。「西欧が，土壌の全般的特徴は……それが建造された材質によって支配されるという無益な主張をいまだにしている時に，ロシアでは土壌は材質よりもプロセスの産物であるという，それゆえに静態的な物体ではなくて発展的な物体であることが，すでに示されている」。Cited by David Moon, *The American Steppes: The Unexpected Russian Roots of Great Plains Agriculture, 1870s-1930s,* Cambridge University Press, 2020, p.273.

有用な物質を含み，「きわめて可懐的」＝分解可能であり，内外の力に応じて変化・分解し，有機的な変化によって再生産されるものである，と述べた。

テーアは「土壌の肥沃度はこのフムスにまったく依存する」と述べ，いわゆる腐食説をとっており，これは後にリービヒによって批判される。ただし，リカードウの「土壌の本源的で不滅な力」に関して言えば，本来の「土」（「基盤土」Grunderde とも表現される）については「不滅な力」という表現が当てはまるかもしれないが，「作土」に関しては——テーアの言うように——収穫によって分解され取り去られるものであり，その補填を通じて再生産される必要がある限り，けっして「不滅な」ものではない[31]。

「土壌の本源的で不滅な力」が肥沃度と同一視されたことのもたらす影響は小さくない。デイヴィやリービヒらが言うように，収穫による生産物の取り去りと国外への輸出によって——失われた肥沃性が補填されなければ——，新規の自然体である土壌の肥沃度も劣化を免れない。つまり肥沃度が低下する。さらに土壌浸食がもたらす土壌流出の場合には，第二次的自然という実体それ自体が消失する。土壌浸食が深刻な問題となった1930年代において，合衆国土壌保全局長 H. ベネット (H.H. Bennet) が言うように，「土壌浸食は土壌の物理的塊全体——ミネラル分子，植物栄養素，有益な微粒組織，その他すべての構成要素——，すなわち土壌自体の全体を取り去る」[32]。

しかもマルクスが早くも『哲学の貧困』で的確に批判したように，「肥沃度というものは，人々が考えるほど自然な性質ではない」。それは「現実の社会的関係としっかりと結びついている」ものであり，化学の応用が「土地の自然を変化させてきた」し，地質学の知識が「相対的な肥沃度の旧来の評価」を覆しはじめているからである[33]。「肥沃度」はそもそも「本源的」なものではない。

---

31) テーア『合理的農業の原理』訳中巻 29, 32, 101 ページ。

32) H.H. Bennett and W.C. Lowdermilk, General Aspects of the Soil-Erosion Problem, United States Department of Agriculture, *Soil and Men*, Yearbook of Agriculture 1938, p.596.

33) マルクス『哲学の貧困』訳 135 ページ；『剰余価値学説史Ⅱ』『マルクス・エンゲルス全集』26Ⅱ，大月書店，322 ページ；竹永「1860年代前半のマルクスの地代論研究（1）（2）」『経済論集』110・111 号，2018,19 年。

同じく農業経済学者セオドア・シュルツ (Theodore Schultz) も言うように，土壌中に含まれる植物栄養分は「本源的」でもなければ「不滅」でもない。土壌の各区画への土壌栄養分の投入と取り去りが，つまり改良と枯渇が可能であるうえに，土壌浸食があらわすように，地表面の状態の安定さえ保証されていない。しかも土壌の表土は複雑な生物学的メカニズムを有し，そこから本源的で不滅な部分を確定することは不可能である。農業生産における土地の投入に関して，シュルツはこう述べざるをえなかった。「土地の投入量の確定ならびに計測にかかわる困難は無数にあって，ほとんど処理不可能の状態にある」，と[34]。

7　肥　　料

　リカードウ『原理』の中には，収穫を通じて失われた肥沃度を肥料によって補填するという考えは見られない。以下に見る肥料についての彼の言及からわかるように，肥料は「排水」また「より巧みな輪作」と並んで地質を改善し土地生産力を高める要因として分類されており，失われた肥沃度の補填という視点はない，もしくは薄い。
　『原理』で「肥料」という言葉が使われる例は少ない。
　『原理』第2章で，同一面積・同じ「自然的肥沃度」・そして隣接する（＝市場までの距離の差がない）二つの農場のうち，農耕用建物を有し，

　34）　T. シュルツ『農業の経済組織』川野重任・馬場啓之助監訳，中央公論社，1958年（原著1953年），172-73, 180ページ。
　生物現象を「生命力」に求める自然哲学の影響下にあった伝統的な有機腐食栄養説を批判して，リービヒは植物の生育に必要なものは空気中の炭酸ガスと水・土に含まれる少数の無機塩類であるとして無機栄養説を打ち立てた（高橋英一『肥料になった鉱物の物語』研成社，2004年，139ページ）。リービヒは『化学の農業および生理学への応用』(Liebig, *Die Chemie in ihrer Anwendrung auf Agricultur und Phisiologie,* 9. Auflage, Braunschweg.（初版 1840 年，9 版 1876 年）吉田武彦訳，北海道大学出版会，2007年，11-12ページ）で，動物・人間の排泄物は，「有機質要素によって植物の生活に影響を及ぼすのではなく，腐敗・分解過程の産物を通じて間接的に……作用を及ぼす」と記した。ただし補足すべきは，腐敗・分解過程をもたらす土壌中の微生物の働きである。「微生物は土壌中にある腐敗性有機物由来の窒素を，水溶性のアンモニウムや硝酸塩に戻す。無機化と呼ばれるこのプロセスで，植物が窒素を土壌水分とともに吸い上げられるようになる」(D. モントメゴリー・A. ビクレー『土と内臓』片岡夏実訳，築地書館，2016年，89ページ)。

7 肥　　料

かつ排水ならびに「肥料」，生垣などの整備が適切に行われている農場の借地料が，そうした建物・整備のない農場のそれよりも高いのは，前者の建物ならびに「地質改善」ameliorating the quality of the land のための資本投下に対する利潤が含まれているからである，と説明される。ここでは「肥料」は排水，生垣と並んで「地質改善」投資と位置付けられる（I, p.67）。肥料は基本的に，建物と同じく固定資本投資として分類されている。

同様の例は第 18 章「救貧税」にもある。それは，劣等地農業者が長期の借地期間中に「施肥，排水，生垣など」への投資によって土地生産力を改善するケースである（I, p.258）。

同じ第 18 章でリカードウは地代概念を拡充している。すなわち，土地改良投資の一部は「土地と不可分離に融合されて」土地生産力を増大させるから，その使用に対する地主への報償は，投資に対する利潤ではなくて「地代の性質を帯び」，「すべての地代法則に支配される」（I, p.262）と記された。

ただしリカードウは併せて，土地改良投資の中の「建物やその他の消滅的改良 perishable improvements」については一定期間のみ土地に有利な立場を与えるにすぎず，経常的な更新が必要であり，地主の「真の地代」への永続的追加にはならない，と地代概念の拡充に限定を付している（I, pp.261-62）。「その他の消滅的改良」の中には「施肥」も含まれるから，失われた肥沃度の補塡として施肥を位置付けているとも考えられる。

しかしながら上の引用が示すように，「施肥」は建物，排水，生垣とセットで――区別されずに――固定的投資がもたらす農場の生産力増加として考えられている（また I, p.269 も参照）。これは施肥によっていったん高められた土地の生産力が，施肥の効能の低下によって失われる状況を示しているのであり，デイヴィやリービッヒの言う収穫のたびに生じる土壌栄養分の取り去り（流動資本の補塡が経常的に必要）とは区別すべきである。資本が土地に合体されることによる自然力としての地力＝土地の肥沃度の増大である固定資本投下と，収穫のたびに肥沃性が減少する同一の土地に対する流動資本の継起的投下の必要とは，現実的には一体化して区別しがたいものではあるが，原理的には区別して考えら

れるべきである。マルクスも言うように,「農業では土地改良によって追加された素材の一部分は生産物形成要素として植物生産物に入っていく。他方,それらの素材の作用は,かなり長い期間に,例えば4-5年間に分散されている」[35]。

さらにもう一つ,『原理』第2章後半で地代下落について論じた際に「肥料」に言及される。この箇所が,「肥料」についてのリカードウの考え方の特徴を最もよく表している例である。リカードウはここで,農業改良の方法として①「土地生産力」を増加させる改良と,②農業用具の改良（鋤・脱穀機,他には農耕用馬の節約,獣医学の進歩）とによる,穀物生産に必要な労働量の減少との二つをあげた。ともに,穀物1単位の生産に要する投入労働量を減少させ,改良の本質である価格低下をもたらす。さて②は「肥料」とは直接に関係がない。

では,①土地生産力を増加させる方法がいかにして穀物生産に要する投入労働量を減少させるのか。土地生産力増加の方法として二つの例が出される。

A. 飼料作物としてのカブ導入という「より巧みな輪作」によって,従来羊飼育に充てられていた土地が不要になること。
B. 単位面積当たりの収穫量を増加させる「より優れた肥料の選択」——リカードウの例では,一区画で20％の穀物増産を可能にする「肥料の発見」という固定資本投資——によって,従来の耕地面積が不要になること,である

ABともに,一定量の穀物を以前よりも少ない土地から収穫できることになる。この場合,不要になった土地の使用を止めなくても,従来と同じ広さの土地への投下資本量が減少すれば,土地生産力増加の結果,穀物1単位の生産に要する投入労働量の減少と価格低下が生ずる,というわけである。リカードウはこのABの結果を「カブ栽培の採用〔A〕により,もしくはより有効な肥料 a more invigorating manure の使用〔B〕によって,より少量の資本を用いて,同一量の生産物を取得できるならば……」(I, pp.80-82. 強調は引用者) と表現した。これは収穫以前の土地生産力改良について述べているのであり,収穫物によって失われた土壌

---

35) マルクス『資本論』第2部2篇8章,大月書店版,第3分冊,195ページ。椎名重明『近代的土地所有』東京大学出版会,1973年,99ページ。

7 肥　　料

栄養分の補填を念頭に置いているのではない。後者であれば，投入資本量は増加しなければならないであろう。

　以上の『原理』第 2 章での肥料への言及から確認できるのは，肥料の使用が収穫による地力低下を補填するものとしてではなくて，まずは土地生産力増加＝地質改善による生産量増加＝穀物 1 単位当たりの投下労働量の減少として論じられていることである。もちろん上の例でもわかるように，リカードウは農業「改良」という言葉の中に肥料の効果も含めている。だが「一商品の生産に以前に要求されていた労働量を減少させることが，改良の本質」(I, p.80) という言葉が端的に示すように，肥料は収穫による地力低下を補填するものとしては理解されない。また『マルサス評注』のなかの，「改良の意味はなにか？　私は，同じ労働量をもってより多くの数量の生産物が獲得されるというのでなければ，この言葉の意味を理解しかねる」(II，p.140) という文も見られたい。

　『原理』ではもう一個所，事実上ジェイコブの所論を批判する文脈で「肥料」に言及される。ジェイコブが，穀物価格が低下した場合に土地からの引き揚げ困難な投下資本（いわゆるサンク・コスト）の例として，生垣，排水とともにあげた「施肥」という例がある。リカードウは土地へのこうした投資の引き揚げが困難なことは「ある程度は真実」だと認めるが，そもそも投資引き揚げは「採算の問題」だとして切り捨てている (I, pp.268-69)。

　議会の演説でリカードウが肥料に言及した数少ない例（1822 年 6 月 12 日）でも，穀物価格低下をもたらす脱穀機の改良と並んで「新肥料の効能の発見」がふれられるにとどまる (V, p.211)。『利潤論』，『農業保護論』では肥料という言葉は使われていない。

　リカードウは，作物の収穫が行われた時点では，収穫によって土壌の栄養分が取り去られて土地の肥沃度が低下するという——デイヴィの言う——農業者が経験的に理解している真理を，すなわち，取り去られた栄養分の補填のためには土壌の耕耘と肥料による補填というコストを要するという農業経営の日常行為を，人口増加による劣等地耕作の進行という形に置き換えて定式化したことになる。こうして「地代はつねに二つの相等しい分量の資本と労働の使用によって取得される生産物間の差額」(I, p.71) と定義される。

リカードウは農業利潤を規定する要因に関する論争の中で，マルサス宛の手紙（1814年12月18日）でこう書いている。「私は原理が正しければそれが効用をもっているかどうかは気にかけません……原理の有用性はその真理とは無関係で，私が今打ち立てたいと思っているのは後者だけです」（VI, p.163），と。

農業生産による「地力逓減」を劣等地耕作による「地質不等」に置き換え，それを「原理」として打ち立てて，自由貿易下での「数週間分の」穀物輸入量を結論する形で，穀物輸出国と輸入国の関係を考察したリカードウの視野からは，穀物輸出による「地力逓減」が輸出国農業ならびに経済発展に与える影響，そして逆に輸入穀物の「使用と分解」——第3章で言及する，輸入穀物の消費と排泄物の肥料使用——が輸入国の土地の肥沃度を高める可能性に関する議論は抜け落ちた。

無視された「原理の有用性」は，穀物輸出国にはなにを意味するのであろうか。リカードウは『原理』第6章利潤論で，穀物輸入国を想定して，土地の肥沃度の高低，穀物輸入制限の有無が資本蓄積に伴う利潤率低下（その大小，緩速）に影響すると述べた。では，穀物輸出を通じて資本を蓄積する国の場合には，とりわけ収穫物が土地から持ち去られ，土壌肥沃度の維持が困難な場合には，どのような問題が生ずるのか。リカードウの叙述はそこへは及ばない。

第 2 章
豊かな土地における欠乏
―― リカードウとアイルランド ――

　農業生産による「地力逓減」を「地質不等」に置き換えて穀物輸入の利益を主張したリカードウは，『経済学および課税の原理』第 5 章で，肥沃な土地が多く存在する「新国」と人口増加に伴い肥沃な土地が相対的に少なくなった「旧国」とにおける貧困問題を論じた。アイルランド選出下院議員リカードウは，イギリスの最初の植民地アイルランドは肥沃な土地が多く存在する「新国」にもかかわらず，厳しい貧困が広まるという現実に向き合うことになった。「新国」アイルランドの貧困——〈豊かな土地における欠乏〉——にリカードウはどのように対処したのか。

1　「社会の異なった段階」

　「絶対に確実だが，穀物の騰貴とともに賃金が上昇すれば……利潤は必然的に低下するであろう」，「蓄積の結果は国を異にすれば異なるであろうし，土地の肥沃度に主に依存するであろう」（I, pp.111, 126）という言葉が示すように，土地の肥沃度が穀物価格の高低を通じて賃金水準を左右し，その賃金の利潤率への影響を通じて資本蓄積を規定するという基本論理は，それに依拠してアイルランドの貧困問題に接近した『経済学および課税の原理』初版（1817 年）第 5 章——初版では後続版の 5 章賃金論と 6 章利潤論との，ダブル・チャプターになっていたが，ここでは賃金論の部分を対象とする——の叙述に混乱を生んだ。さらに晩年

のリカードウのアイルランドの貧困に対する対処にも，大きな課題を残すことになった。

　アイルランドでは圧倒的多数を占める農民が，主に地主（もしくは仲介人）から直接に，高額の地代かつ不安定な保有条件の下で借地し，地代支払いのために穀類をはじめ商品作物栽培に従事するかたわら，零細な土地で自己消費用のジャガイモを栽培していた。イングランドと異なりアイルランドでは，農業資本家階級は未成熟であった。

　後年に J. S. ミルは端的にこう述べた。「イギリスでは土地を賃借して耕作するのは資本家的農業者であるが，アイルランドでは牧草地帯を除いて，主として肉体労働者またはそれとほぼ同様の境遇にある小農業者である」。さらにミルは，イギリスのシステム——すなわち，大土地所有の下で農業資本家に雇用され賃金を受けとる農業労働者が実際に土地を耕作する——のほうが特殊であり，「アイルランドは自余の世界と同様なのであり，イギリスのほうが例外的な国」であると述べた[1]。

　リカードウの基本論理は，肥沃な土地が豊富に存在する新国が人口増，劣等地耕作の進行とともに肥沃な土地が相対的に（＝増加人口の需要に比して）減少し旧国に至るという，一国における人口ならびに土地耕作の進行を基準とする単線的な発展経路——リカードウの言葉では，「社会の異なった段階 different stages of society」——の理解に依拠している。そしてこの経路は「社会の進歩 progress of society」と表現された[2]。

　リカードウが『原理』第 5 章で強調したのは，新国と旧国では貧困のあり方が異なり，その救済策も異なるということであった。ここでは新国と旧国は「〔一つの〕社会の異なった段階」と捉えられ，新国は一つの国の発展の初期＝肥沃な土地が豊富な段階であり，旧国は人口増，耕作の進行によって肥沃な土地が相対的に希少になった段階である。

　1）　John Stuart Mill, *England and Ireland,* 1868, London, in *Collected Works of J. S. Mill,* vol. VI, University of Toronto Press, 1982, p.514. 高島光郎訳『エコノミア』41 巻 3 号，1990 年，25 ページ。

　2）　『利潤論』では「未耕で肥沃な土地」の存在する「新国」に「旧社会」の知識と資本が充用される例が出されている（Ⅳ, p.15）。同じく『原理』初版第 2 章では，「新国」は「人口に比して肥沃地が豊富に存在し……」と表現されている（1st ed., p.55）。また『原理』3 版第 1 章では機械採用の誘因として「新国」とともに「旧国」という言葉が使われる（I, p.41）。

リカードウはこうした社会の進行を「社会の自然の前進（the natural advance of society）」（I, 101）と呼んだ。しかしながら，発展の初期の段階で肥沃な土地が豊富にあり，この点からは新国に分類される国々においても，貧困は現に存在した。〈豊かな土地における欠乏〉と称すべき事態にリカードウはどう対処したのか。

　現実には，それら国々の貧困の在り方は歴史的環境と経路のちがいによって異なっている。肥沃な土地が豊富な新国でも，それぞれ固有の歴史的要因によって脆弱な資本蓄積の状態が生まれ，貧困が存在する。また貧困の存在形態も異なる。肥沃な土地の多寡と人口という基準でそれぞれの貧困の原因とその救済策とを論じきれるものではない。ところが一国の新国から旧国への段階的発展というリカードウの理解は，『原理』初版第5章に見られるように，新国の国々が――そして救済すべきそれぞれの貧困が――現実に持つそれぞれの歴史的環境と経路に焦点を当てて貧困の救済策を検討することなしに（検討する前にというべきか），肥沃な土地の多寡と人口という基準で，新国での貧困の原因を論じさせることになった。

　リカードウは「蓄積の結果は国を異にすれば異なる」というが，それは「土地の肥沃度に主に依存する」という言葉が示すように，そこで考えられているのは，あくまで穀物輸入と劣等地耕作の関係であった。「一国の面積がどれほど広くても土地の品質が貧しく，食料輸入が禁止されている国では，ごくわずかの資本の蓄積も，利潤率の大きな減少と地代の急速な上昇とを伴うであろう。これと反対に面積は狭いが肥沃な国は，特に食料輸入が自由に行われるなら，多くの資本を蓄積しても，利潤率の大きな減少も，地代の大きな増加もないであろう」（I, p.126）――これが，「蓄積の結果は国を異にすれば異なる」という言葉に続く文章であった。

　リカードウは『原理』初版賃金論の議論を次のように進めていた。

　労働には商品一般と同じく市場価格と自然価格があり，労働の自然価格は階級としての労働者の維持に必要な食料，必需品，便宜品の価格に依存し，労働の市場価格は労働に対する需要と供給に規定される。労働供給は人口の関数である。労働需要は資本蓄積に依存し，資本蓄積は労働の生産力に依存する。資本蓄積の速度は「社会の異なった段階」で

異なるが，資本蓄積力は労働の生産力を介して土地の肥沃度に規定される。すなわち，「社会の異なった段階では，資本の蓄積……は速かったり遅かったりするが，それはどんな場合でも労働の生産力に依存するにちがいない。〔そして〕労働の生産力は，一般的には，肥沃な土地が豊富にある時に最大である」(I, 98)。

「社会の異なった段階」とは肥沃な土地の（人口に比した相対的）大きさの別様の表現である。それは，「新植民地」では——「文明のはるかに進んだ国々」（＝旧国）の技術と知識が導入されれば——資本蓄積は急速だが，人口増加に伴って「より劣質の土地が耕作されるのに比例して」資本蓄積力が低下する，とされていることから明らかである。すなわち，最も有利な事情の下では生産力は人口増加力よりも大きい。しかしながら，そうした状態は「それほど長くは続かない」。そして資本蓄積力と人口増加力の大小が，労働の市場価格がその自然価格を上回りうる程度・期間に影響することを通じて，労働者の生活状態を左右する (I, p.98)。

ここから，肥沃な土地が豊富な新国においても，また収穫逓減が作用し肥沃な土地が相対的に減少している旧国においてもともに貧困は存在するが，貧困の原因はそれぞれ異なり，そのために貧困の救済策が異なる，という結論が導き出される。

2　『原理』初版第 5 章：アイルランド

『原理』初版第 5 章では肥沃な土地が豊富に存在する新国での貧困について，以下のように記された。

> 「肥沃な土地が豊富にあるが，住民の無知，怠惰，そして野蛮のために欠乏と飢餓のあらゆる害悪にさらされ，また人口が生存手段を圧迫していると言われている国々では，原生産物の供給率低下のために，過密人口のあらゆる害悪を経験している定住久しい国々において必要とされるものとはきわめて異なった救済策が適用されるべきである。」——つづいて第 2 版（1819 年）以降削除された次の文

章が来る——「一方〔＝肥沃な土地が豊富にある国〕の場合には，困窮は人々の無為に由来する。彼らがもっと幸福になるためには，努力への刺激が必要なだけである。努力がなされれば，生産力は依然として大きいから，人口のどんな増加も大きすぎることはありえない」(I, p.99; 1st ed., p.100. **引用文**①と記す)。——以下に続く引用部分は第2版以降も変更はない——「他方〔＝定住久しい国々〕の場合には，人口はその維持に必要な基金よりも急速に増加する。どんな勤労の努力も，人口増加率の減少を伴わない限り，生産が人口と歩調を合わせることはありえないから，害悪を増すだけであろう」(I, p.99)。

つづいて，肥沃な土地が豊富にある国の例をあげて，そこでの貧困に関して以下のように論じられる。長文であるが，第2版以降全文削除された箇所であり引用する。

「ヨーロッパの幾つかの国々とアジアの多くの国々では，南海諸島 the islands in the South Seas〔スペイン領中南米諸島〕[3]と同じように人々は困窮しているが，それは悪政 vicious government もしくは怠惰の習慣 habits of indolence に由来する。そのために彼らは，欠乏に対する保証はないにしても，豊富な食料と必需品をもたらすために適度な努力をするよりも，現在の安易と無為を優先している。彼らの人口を減らしてみてもなんの救済も得られないであろう，なぜならば〔人口減と〕同じ割合で，もしくはそれ以上の割合でさえ，生産物が減少するだろうからである。ポーランドとアイルランドが被っている害悪は，南海諸島で経験されているものと同種のものである。この害悪の救済策は，努力を刺激し新たな欲望を創造し，そして新たな嗜好を植え付けることである。というのはこれらの国々

---

[3] リカードウは，メキシコ周辺のスペイン植民地を主な対象とした A. フンボルト『ニュー・スペイン王国政治論』(Alexander Humboldt, *Political Essay on the Kingdom of New Spain,* translated by John Black, 1811) のノートをとっている (X, p.394)。ちなみにマルサス『人口論』第1編5章「南洋諸島 the islands of the South Sea における人口抑制」の対象は，主にクック船長 (J. Cook) の旅行記に依拠して，ニューギニア，ニューカレドニア，タヒチをはじめ太平洋の南洋諸島である。そこでの人口抑制策は乱交，嬰児殺し，戦争である。

は，〔肥沃な土地の減少による〕生産率減少のために資本の増進が人口の増進よりも必然的に緩慢になるのに先立って，はるかに多額の資本を蓄積しなければならないからである。アイルランド人は自らの欲望を充たすのが容易なために，彼らの時間の大部分を怠惰に過ごすことが許されている。人口が減少してもこの害悪は増加するであろう。なぜならば〔人口減少で〕賃金は上昇し，それゆえに，労働者は彼らの労働のさらに少ない部分と交換に，彼らの慎ましやかな欲望が必要とするものすべてを手に入れることができるからである。

　アイルランド人労働者に，イギリス人労働者にとっては習慣的に不可欠なものとなっている慰安品と享楽品とに対する嗜好を与えよ。そうすればアイルランド人労働者は，それらを取得できるようにもっと多くの彼の時間を喜んで勤労に捧げるであろう。〔そうなれば〕現在生産されている食料がすべて取得されるだけでなく，現在はこの国で雇用されていない労働が他の諸商品の生産に向けられて，莫大な追加価値が取得されるであろう」(I,p.101; 1st ed., pp.100-02. **引用文②**と記す)[4]。

　以上の**引用文②**で留意すべきは，アイルランド，ポーランド，そして南海諸島の人々の貧困は，「悪政もしくは怠惰の習慣」に由来するとされながらも，「悪政」には特に触れないで「怠惰の習慣」に議論が収斂している点である。「悪政」の内容はその歴史的環境と経路によって異なるはずであるが，「悪政」の是正を脇におけば，アイルランド労働者

---

　4)　『原理』初版でのこうした記述はここだけのものではない。リカードウはすでに1816年7月15日付のトラワ宛の手紙で，「アイルランドに必要な救済策はたんなる食料以外の他の品物に対する嗜好です。アイルランド人の活動を促し，彼らの余った時間をきわめて粗野な行為に費やす代わりに，彼ら自身の奢侈品を獲得させるように仕向ける刺激があるなら，推奨できる他のどんな方策よりも，彼らの国の文明と繁栄にいっそう貢献するでしょう」(Ⅶ,pp.48-49)，と記していた。またリカードウは『原理』初版出版（1817年4月）後にも，マルサス宛の手紙（1817年9月4日付）で，アイルランドの貧困の原因と同じ原因がニュー・スペインでも存在するとして，フンボルト『ニュー・スペイン王国政治論』に言及してこう記している。すなわち，ニュー・スペインの「土地ではきわめてわずかな労働で非常に大量のバナナ，マニオク〔キャッサバ〕，ジャガイモ，小麦がとれ，人々は奢侈品の嗜好がなく，食料が潤沢なため怠惰にすごす特権をもっています」(Ⅶ,p.184)，と。

にイングランド人並みの「慰安品と享楽品とに対する嗜好」——食料，必需品は除外されている——を植え付ければ，彼らはより勤勉になり，結果として「莫大な追加価値」が生産されることになる。「悪政」を脇におき「怠惰の習慣」を困窮の共通の原因に絞り込めば，アイルランドに限らず，ポーランド，さらには南海諸島の人々にイングランド並みの嗜好を植え付ければ，同じ結果になることになろう。

　なにゆえにアイルランド，ポーランド，さらには南海諸島までを一括して，これら住民の貧困に対する救済策が論じられるのか？　それは，リカードウが肥沃な土地の多寡を基準にして貧困の救済策が異なると結論したうえで，アイルランド，ポーランド，南海諸島を肥沃な土地が豊富にある新国と分類し，しかも資本不足の原因が共通に住民の怠惰の習慣にあると判断しているからである。

　「肥沃な土地が豊富にある」新国では旧国とは異なった救済策，すなわち資本蓄積増進のために，労働者が勤労を増すべく新たな欲望の植え付けが求められる。これに対して，定住久しい国＝旧国では肥沃な土地は相対的に減少し収穫逓減が生じているから，人口増加率は生存手段増加率よりも大きく，貧困の救済策としては人口増加率の減少が優先される。このため，人口増加をかえって奨励する効果を有する，イギリスの現行救貧法の——ただし漸次的——廃止が提言される。

　こうしてみると，「社会の異なった段階」における貧困の救済策が異なるのは，肥沃な土地の多寡＝資本蓄積力が異なるという一点に集約されることになる。

　とすれば，アイルランドであろうが，ポーランドであろうが，さらには南海諸島であろうが，肥沃な土地が豊富にあるにもかかわらず人々が欠乏と飢餓にさらされているのは，彼らの時間の大部分を無為にすごしても慎ましやかな欲望の充足が可能なために，人々が勤労の努力をせず，肥沃な土地が本来もたらすはずの十分な資本蓄積が実現していないからである。人々の欲望を拡張して，拡張した欲望の充足のために彼らが勤労の努力を強めるようになれば，肥沃な土地が豊富にあって資本蓄積力は大きいのだから，どんな人口増加＝労働供給増加をも上回る資本蓄積＝労働需要が生まれ，労働の市場価格は拡張した欲望に基づいて上昇した労働の自然価格をも一定期間上回る，というわけである。

3　ジョージ・エンサー『諸国民の人口に関する研究』

　引用文①②が削除されたのは，『リカードウ全集』の編者スラッファが注釈したように，ダブリン出身の政論家ジョージ・エンサーが『諸国民の人口に関する研究：マルサス『人口論』への論駁を含む』(George Ensor, *An Inquiry concerning the Population of Nations: containing a refutation of Mr. Malthus's Essay on Population*, London, 1818. 以下本書からの参照個所は本文中に記す）で行った『原理』初版への批判に対処した結果であった[5]。エンサーは，悪政を脇においたうえで，肥沃な土地の多寡に応じて貧困の救済策は異なると論ずるリカードウの主張の弱点を鋭く突くことになった。

　リカードウを名指ししてはいないが，肥沃な土地の存在にもかかわらず住民の怠惰によって貧困が存在するという議論に対するエンサーの直截な反論は，「土壌の肥沃さ，温暖な気候の影響，好都合な環境が怠惰と無精をもたらすと想像するのはまったく馬鹿げている」，「土壌と気候が悪くても，自由は生活を容易にするであろう——土壌が良好で気候が温和であっても，失政の下で人々が悲惨な状態にあれば，ほとんど意味がない」(pp.494-95) という言葉に見ることができる[6]。

---

　5) マルサスのアイルランド論の問題点とエンサーのマルサス批判の論点を指摘した優れた研究に佐藤有史「マルサスとアイルランド」(『湘南工科大学紀要』39巻1号，2005年）がある。佐藤はマルサスとリカードウのアイルランド問題に対する対応のちがいを強調する。なお本稿作成に当たって，佐藤教授からは種々のご教示をいただいた。記して感謝したい。ただし本稿は佐藤の関心とは別に，アイルランドの貧困の原因として「怠惰」ではなく「悪政」を強調した『原理』第2版での改訂にもかかわらず，初版以降も維持された肥沃な土地の多寡によって貧困の救済策は異なるという，リカードウの変わらぬ主張が持つ意味を考えてみたい。

　6) 後に，J. S. ミルも『経済学原理』(1848年）第2編9章でエンサーと同趣旨の言葉を記すことになる。「社会的道徳的な要因が人間精神に及ぼす影響についての考察を回避する低俗なやり方のうちで，最悪なのは人間の行為や性格の差異を固有の自然的差異に帰する方法である。慎慮や努力からはなんの利益も引き出せないような状況に置かれている場合に，怠惰にも無頓着にもならない種族があるだろうか」。J. S. Mill, *Principles of Political Economy*,1848, *Collected Works of J.S. Mill,* vol. Ⅱ, 1965, p.319. 末永茂喜訳『経済学原理』2，岩波文庫，240ページ。

3　ジョージ・エンサー『諸国民の人口に関する研究』

　アイルランド合併法（1801年）に反対しその廃止を訴えたエンサーは，マルサス人口論とそれに依拠する救済策のアイルランドへの適用とを，この著作全体を通して口を極めて——「マルサス氏のインチキ政策」！（p.265）——批判した。エンサーはリカードウ『原理』での**引用文②**を取り上げ，「マルサス氏が〔『人口論』で〕スペイン人とアイルランド人を獣 brutes に分類したように，リカードウ氏はポーランド人とアイルランド人を南海諸島の野蛮人 savages 同然に置いた」，と批判した（p.264）[7]。ただし以下に見るように，リカードウに対するエンサーの批判の論調は，マルサスへのそれに比べると抑制的である。

　エンサーはマルサスを——またマルサスに同調するウェイランド（John Weyland）を——こう批判する。すなわち彼らは，アイルランドの貧困に対する特効薬としてジャガイモに代えてパンを人々の日常食にすることを主張した。面積当たりの収穫の多いジャガイモはアイルランド農民の怠惰を促し，人口増殖を刺激すると考えたからである。彼らによってジャガイモが「生贄（スケープ・ゴート）」にされた[8]。実際には「ジャガイモがヨーロッパで栽培される前から，アイルランド人は悲惨だった」（p.266）にもかかわらず。

　この点ではリカードウは「彼らほど愚かではない」。ジャガイモより高価な小麦の必需品化は賃金を引き上げて利潤を減らすことが彼の利潤

　7）　マルサス『人口論』第2版（1806年）では「アイルランド，スペイン，そして多くの南方諸国のように，人々が結果を考えずに獣のように子孫を繁殖させるほど堕落した状態にあるとすれば……」と表現された。ただし第5版（1817年）では，「獣」という表現はなくなった。Malthus, *Population* (Patricia James ed., Cambridge University Press, 1989), vol. Ⅱ, p.147. 大淵寛ほか訳『人口の原理 第6版』中央大学出版部，1985年，訳594ページ。

　8）　マルサス『人口論』の言葉：「ジャガイモの使用拡大が前世紀の間に人口のきわめて急速な増加を可能にした」。「この栄養に富む根菜が低廉であること，狭い土地でも平年にはジャガイモ耕作で一家族の食料を生産できることが，目先の最低生活以外のなんの見通しも持たずに気持ちの赴くままにさせてきた無知と野蛮〔第6版1826年では「野蛮」は「みじめな状態」と変更〕と相まって結婚を刺激し，人口はこの国の産業と現有資源をはるかに上回って増加した」。Malthus, *Population*, vol.I, pp.291-92, 訳319-20ページ。

　だが実際には，18世紀以降のアイルランドでの輸出向け穀作農業の進展は，地力回復作物としてのジャガイモ栽培の拡大を組み込んでいた。上野格・森ありさ・勝田俊輔編『アイルランド史』山川出版社，2018年，第6章（齋藤英里執筆）を参照。松尾太郎は，アイルランドからの穀物輸出増大が，アイルランド農民の主食が穀物からジャガイモへと転換したのと並行して進んだ事実に注目していた（『近代イギリス国際経済政策史研究』法政大学出版局，1973年，230ページ）。

論の基本であるから，リカードウは「新たな欲望を刺激して，アイルランド人の汚名を着せられた習慣的な怠惰を打ち消すべく，彼らの生活の安易さを正す」ことを抽象的に提案するにとどまった．

だが，「アイルランド人労働者に，イギリス人労働者の慰安品と享楽品とに対する嗜好を与えよ」というリカードウの主張に対しては，エンサーは「どのようにしてこうした嗜好をアイルランド労働者に呼び起こすのか？　彼らはほかの人類とはちがって，窮乏を選択しているとでも想像しているのか？」と厳しく反論した．エンサーはこう続ける．結局リカードウは，アイルランドの貧困に対するマルサスの特効薬（＝ジャガイモから小麦パンへ）の不備のゆえに，「特別の救済策」を提案することを差し控えた．だが「こうした嗜好をいかにして刺激するのかの示唆を与えることができない」(pp.264-65. 強調は原文)．

エンサーは，イギリスによるアイルランド支配がもたらした悪政——不在地主，カトリック農民に課せられた十分の一税（p.82），搾出地代（p.288），財産の不平等な分配，平等で真正な法律の欠如（p.355）——がアイルランド人の貧困の根本原因だと主張する．ところが，マルサスとウェイランドは「統治，法律，司法，財産の状態，十分の一税，借地などに関してなにもふれていない」(p.266)．「アイルランドは人口過剰 overpeopled ではなく，統治の不備 undergoverned にあるのだ」(p.294)．「アイルランドに善政と自治を与えよ，人々に自分の労働の成果を享受させよ，そうすればあらゆる慰安品を享受しようという彼らの性向は彼らの意識と同じく確実である」(p.292)．

「アイルランド人がジャガイモを食べているのはこの2世紀間だけである．だが何世紀にもわたって，アイルランド人は大ブリテンの虐政下にあった．すべての被抑圧国民がそうであるように，なにを食べていようと彼らは悲惨であった」(p.261)というのが，エンサーの主張の基本であった．

リカードウが，アイルランドとともに，貧困の原因を労働者の怠惰に求めたポーランドに関しても，エンサーは的確にこう指摘した．「ポーランドは貧困であるから農業国である，ポーランドは悪政下にあるから貧困である」，ポーランドでは穀物は食用ではなく販売用である．「土地は農奴によって耕され，彼らが必需品として受け取るべきものは領主に

よって強奪されて，外国の奢侈品と交換される」(p.188)，また「ポーランドはオランダ人を養うために多くの穀物を生産する。そしてポーランドや他の農業国はオランダが十分に供給されているときに食料に事欠いた」(p.440)。

4　『原理』第2版での改訂

　エンサーの批判を受けてリカードウは，『原理』第2版では上記②の**引用部分**を削除し，以下の長い文章に置き換えた。

>　「人口が生存手段を圧迫している時には，唯一の救済策は人口の減少か，より急速な資本の蓄積かのいずれかである。すべての肥沃な土地がすでに耕作されている富国では，後の救済策はあまり効果があるわけでもないし望ましくもない。なぜならば，もしそれが過度に進められるならば，すべての階級を一様に貧しくする結果になるだろうからである。しかし肥沃な土地が未耕のために豊富な生産手段が蓄えられている貧国では，それ〔急速な資本の蓄積〕は害悪を取り除く唯一つの安全で有効な手段である，とくにそれはすべての階級の人々を向上させる結果を持つであろうから。／人道の友としては，すべての国で労働階級が慰安品や享楽品に対して嗜好をもつべきであり，それらを得ようとする彼らの努力が，あらゆる合法的手段によって刺激されるべきである。過剰人口を防ぐには，これよりも良い保障はありえない」(I, pp.100-01. 強調は引用者。**引用文③**と記す)。

　こうして『原理』2版第5章では，イギリスの労働者は彼の賃金が(アイルランド労働者の貧困の代名詞とされた)「ジャガイモ」と「泥小屋」しか得られなければ，それは労働賃金の自然率以下だとみなすという個所 (I, p.97) のみが残り，アイルランドという言葉は消え去った。また『原理』全体でもアイルランドを明示する個所はなくなった。

　また**引用文①**の，困窮の原因を人々の「無為」に求め，「努力への刺

激」をその解決策とした部分は，第2版では「一方の〔＝肥沃な土地が豊富な〕場合には，害悪は悪政，財産の不安全，そしてすべての階級の人々における教育の欠如に由来する。より幸福な状態になるためには，彼らはよりよく統治されよりよく教育されることを要するのみである。というのは人口増加を超える資本の増加がその必然的結果であろうからである」(I, p.99) という文章に置き換えられた。困窮の原因は，「悪政」「財産の不安定」「教育の欠如」という制度上の不備に求められた。人々の「無為」という性癖は免罪された。しかし併せて「人道の友としては，すべての国で労働階級が慰安品や享楽品に対して志向を持つべき」とされることで，肥沃な土地が豊富な国では勤労の努力の効果を，肥沃な土地が希少な国では人口抑制の効果をそれぞれ期待して，慰安品・享楽品への嗜好喚起の意義が──普遍的に──主張された。

　リカードウは『原理』2版でのこうした改訂について，ジェイムズ・ミル宛の手紙（1818年11月23日付）で，エンサーが批判した個所を検討し，自分の意見の正しさに疑問が生じたので，「いくつかの貧国が被る害悪を悪政，財産の不安定，あらゆる階級の教育の欠如に起因すると変更しました。アイルランドの名はあげないで一般的に語りました。〔この変更で〕この先の彼の非難を封じることを望みます」(VII, p.334. 強調は引用者) と記した。

　こうしてアイルランドに関しては（またポーランド，南海諸島についても），貧困の原因を「無為」「怠惰」に帰すという趣旨は『原理』2版から消去された。またリカードウはH. トラワ宛の手紙（1822年1月25日付）でも，アイルランドの小農場と小借地を廃止し小屋住農の労働者への転換を説くトラワに対して，小農場と小借地はアイルランドの害悪の原因ではなくその結果であり，「アイルランドの害悪は，私の心底信じるところでは，誤った統治から生じています」(IX, p.153) と記した。

　しかしながら，「肥沃な土地が豊富にあるが，住民の無知，怠惰，そして野蛮のために欠乏と飢餓のあらゆる害悪にさらされ，また人口が生存手段を圧迫していると言われている国々では，原生産物の供給率低下のために，過密人口のあらゆる害悪を経験している定住久しい国々において必要とされるものとはきわめて異なった救済策が適用されるべきである」という文章は第2版でもそのまま残された。「無知，怠惰，野蛮」

が「欠乏と飢餓」をもたらすことは——この文脈では，アイルランドなど特定国を指す言葉はないものの——否定されたわけではなかった。

「肥沃な土地が豊富にある」にもかかわらず，なぜ住民が「無知，怠惰，野蛮」の状態にあり，その結果「欠乏と飢餓」が存在するのかは，それぞれの国の貧困の個別事情の歴史的検討がなければ解明されないはずである。その原因を「悪政，財産の不安定，あらゆる階級の教育の欠如」という言葉に集約しても，「悪政，財産の不安定，教育の欠如」の具体的内実が明らかにされる必要があった。しかしながら「経済学および課税」の原理を主題とする『原理』ではこの課題は論じ尽くせるものではなかった。

その一方で，豊かな土地の多寡に規定される，社会の異なった段階に応じて貧困の救済策は異なるというリカードウの基本の論理は維持された。しかも第 2 版では，**引用文③**にあるように，「富国」「貧国」という言葉が使われた。『原理』初版で「富国」「貧国」という言葉が使われるのは，第 26 章「富国と貧国における金，穀物および労働の相対価値について」においてのみであり，この章の表題は直接の対象としたスミス『国富論』での議論に誘発されたものである。しかし単線的な社会把握に依拠して用いられた「新国」「旧国」という言葉ではなくて，第 2 版第 5 章で「富国」，「貧国」という言葉を使うことで，そこでの議論を富国における貧困と貧国における貧困との共通の——その効果としては，富国における人口抑制か，貧国における急速な資本蓄積かの違いはあるにせよ——救済策に集約する礎石が据えられた。その回答が，「人道の友として」は，合法的手段によって「すべての国」で労働階級の慰安品・享楽品への嗜好を刺激すべき，という言葉であった。

5 「新国」アイルランド

第 2 版以降もリカードウは，アイルランドを肥沃な土地が豊富な「新国」とみなしている。リカードウは，F. プレイス『人口原理の例証と証明』（Francis Place, *Illustrations and Proofs of the Principles of Population*, London, 1822）の草稿の検討を依頼された。リカードウはその返信

（1821 年 9 月 9 日付）で，人口が生存手段を圧迫し過密人口の害悪を経験している「すべての旧国」「すべての定住久しい国」という表現が，プレイスの草稿では，アイルランドに適用されていることに反対した。そして，「アイルランドは事実において，旧国ではなく新国の境遇にある」（Ⅸ ,p.56）と記した。アイルランドは，「無知，怠惰，野蛮」のためではなくて「悪政」「誤った統治」のために人口が生存手段を圧迫し欠乏と飢餓にさらされているが，それでも肥沃な土地が豊富にある「新国」なのであった。

アイルランドに関するこうした認識は，『農業保護論』でのアイルランドからの小麦輸入増加への注目にも窺うことができる。リカードウは，1819 年以降の穀物価格低落の原因として，豊作の連続，戦争中の耕作拡張とともに，「アイルランドからの〔穀物〕輸入増加」をあげた[9]。1821 年農業不況委員会の資料によれば，アイルランドからの小麦輸入は 1818 年（1 月 5 日に終わる年次）50,842 クォータから年々増加し 21 年（同）には 351,871 クォータに達し，1821 年の 1 月 5 日から 3 か月の間ではさらに増加の度を増していた。小麦粉換算分を加えれば，1821 年（同）では約 41 万クォータである（Ⅵ, p.260）。これは，イギリスの 1821 年（同）小麦輸入総量 996,478 クォータの約 40％にあたる[10]。

この背景には，18 世紀末のアイルランド議会での穀物輸出奨励金と輸入関税制定，さらには合邦後のアイルランド穀物輸入の自由化（1806 年）とともにすすんだアイルランドでの穀作の拡大があった。穀作拡大には労働投入増加と地力回復作物導入が必要であり，自家消費用のジャ

9）「われわれはわが国の港を開いてアイルランドから安い穀物を無制限に輸入しました」（1822 年 2 月 8 日付マカロック宛の手紙．Ⅸ,p.158）．マルクスはこう記した．「イギリスの穀物法は，イギリスへのアイルランド小麦の輸出に，ある程度までの独占権を与えた」．『マルクス・エンゲルス全集』第 16 巻，1867 年アイルランド問題講演のための下書き，443-44 ページ．

10）*British Parliamentary Papers, Agricultural Report of 1821*, p.391. その後アイルランドからの小麦・小麦粉輸入は 1830 年代後半まで高い水準を維持し，1833 年には 84 万 4000 クォータの最高値（イギリスの小麦輸入の 72％）を記録する．イギリスでは主に飼料用に使われるオート麦のアイルランドからの輸入量は，1819 年に 100 万クォータを超え，20-30 年代には 200 万クォータに達し，イギリスのオート麦輸入の大半をアイルランドが賄うことになる．B. R. Michell, *Abstract of British Historical Statistics*, Cambridge University Press, 1962, pp.95,96.

ガイモ耕作を担う小屋住農の増大がそれを可能にした[11]。

　急速に小麦輸出を増すアイルランドは，肥沃な土地が豊富にある「新国」の要件を充たしていた。

　リカードウは，アイルランド・カトリック教徒解放法案（cf. Ⅷ, pp.350-51）の否決を受けて，トラワ宛の手紙（1821年4月21日付）で以下のように述べた。

>「もし立派な立法によってアイルランドの資源が公正に開発されるならば，連合王国の富に寄与するところが大でしょう。もしあのように不安定な地方で資本の安全への恐れがなければ，どんな量の資本でもあの国で有利に使用されるかもしれませんし，またまちがいなく使用されるでしょう。しかしながらこの資源はわれわれにとっての貯えです。われわれ土地所有者にはあの国の土地所有者は恐るべき競争相手です。わが国の土地所有者の警戒心はポーランド，ロシア，およびアメリカとの対抗と競争によって掻き立てられています。ところがわれわれは，そのなかでアイルランドが最も恐るべき競争相手だとはけっして考えていません。アイルランドの耕作は引き続き順調に増大しており，今後も多年にわたりそうなると私は疑いません。イングランドであのように首尾よく普及した耕作の改良があの国に導入されれば，その影響は穀物価格の上に，またイギリスの土地所有者の利害の上に，とりわけはっきりと表れるにちがいありません」（Ⅷ, p.369）。

　「新国」アイルランドで耕作の改良が進めば，穀物生産の増大は十分に期待できた[12]。

　11）　上野他編『アイルランド史』第5章（勝田俊輔執筆）；C. Ó Gráda, *The Great Irish Famine,* Cambridge University Press, 1995, pp.19-20. しかもジャガイモは，彼らが飼育する豚の飼料でもあった。M. ロングフィールドは，ジャガイモ自体の保存は困難で輸出もできないが，それを飼料にすることで豚・ベーコンとして輸出可能であると記した。「ジャガイモは，豚を製造する原材料とみなしうる」。Samuel Mountifort Longfield, *Lectures on Political Economy,* Dublin, 1834, p.250. 1840年代初頭では，ジャガイモ生産量の1/2が飼料とされた。W.E. Vaughan ed., *A New History of Ireland,* vol. Ⅴ, 1989, Oxford, chap.5 （written by C. Ó Gráda）, p.112.

　12）　1824-26年には，イギリスの穀物輸入の70％を，肉輸入の94％をアイルラン

ただしリカードウが強調したのは，肥沃な土地が豊富に存在する「新国」アイルランドでの農業の発展であって，製造業への資本投下にはほとんど言及されない。

　アイルランドでは，対仏戦争後の穀類・羊毛などの価格低下で地代支払いが滞るとともに，十分の一税の賦課が小農民の自給食料であるジャガイモ収穫にも及ぶ例が見られる中，地代をめぐる地主と農民の間の対立に加えて，教区牧師と農民の間の不和もが助長されていた。ここにはアイルランドの特殊な状況が反映していた。すなわち，イングランドでは十分の一税は農業資本家が負担するのに対し，アイルランドでは地主から直接に借地する――しかもきわめて多数にのぼり，この点で税の徴収に困難が伴う，しかもカトリックの――小農民が主に負担していた。

　1823 年 5 月 16 日に，アイルランド十分の一税改革（composition. 査定と支払の恣意性・不確実性の除去）法案が提案された。カトリック農業者に対しても国教会向け拠出を強いる十分の一税の改革提案は，十分の一税支払者の多数が教区委員会に代表されず，しかも税査定者が現行より 1/3 引き上げる権限を持つ点で問題を有するものであり（D. Browne 議員の発言），むしろアイルランド農民の不満を助長するという批判がなされた。こうした中で，提案者アイルランド総督グルバーン（Henry Gourburn）は提案が問題を完全に解決するものではないにせよ，その一歩前進を主張した[13]。

　リカードウは『原理』11 章「十分の一税」で，同税が課されていない外国穀物の輸入は，同税のある国では輸入奨励金の作用をするから地主に有害であり，地主救済のために同税と等しい穀物輸入関税が賦課され，その関税収入が国庫に納入されるならば，「これほど公正で正当な

───────
ドが占めた。Ralph Davis, *The Industrial Revolution and British Overseas Trade*, Leicester University Press, 1979, p.118. イギリスの穀類，肉，バター輸入のアイルランドからの比率はナポレオン戦争後も上昇を続け，1834-36 年には 85% に達する。Brinley Thomas, Escaping from Constraints: The Industrial Revolution in a Malthusian Context, *Journal of Interdisciplinary History*, vol.15, no.4, 1985, p.743.

　13) *Parliamentary Debates*, House of Commons, vol.9, 16 June 1823, cc.369-70；*Ibid.*, 6 June 1823, c.803. なおリカードウは，6 月 16 日には「いかなる事情においても聖職者の権利を正確に固定することは不可能である」と演説している。この部分は『全集』に収録されていない。*Ibid.*, 16 June 1823, c.992；勝田俊輔『真夜中の立法者キャプテン・ロック』山川出版社，2009 年，145 ページ。

手段」はないと述べていた（I, p. 179）。

　リカードウは1823年5月30日の議会演説で，おそらくは同じ論理に基づいて，アイルランドでの十分の一税改革はそれがなされていないイングランドには不利になる点をとらえて，「それはアイルランドの農業者が穀物を安く栽培するのを可能にし，アイルランド産穀物に対して保護関税が課されなければ，イングランド市場を供給過剰にし，イングランドの生産者を破滅させるかもしれない」（V, p.304）と発言した。リカードウのこの演説は，グルバーンが述べたように，カトリック農民にとって懸案の十分の一税改革という問題の本筋から外れたものと理解された[14]。

　収録された発言が短いせいもあり，リカードウの演説の趣旨にはなお明確でないところもある。1823年5月30日の演説でのリカードウの本意が，イングランドでも十分の一税改革を行うべきで，税査定基準の透明化が必要である点に認められるとしても，英国教会のためのアイルランド・カトリック農民への課税という農民の不満を生む問題から離れていることは否定できない。

　しかも期せずしてこの演説は，新国アイルランドでの穀物生産の可能性を高く評価したリカードウの認識を露わにしたことも明らかである。

　1822年にはジャガイモ不作が南部ならびに西部（ムンスター，コノート）諸州で飢饉をもたらし，現に南部地域では十分の一税に反対する農民反乱を生んでいた。アイルランド選出議員としてリカードウは，〈豊かな土地における欠乏〉と称すべきアイルランドの貧困について現実的に関与することになる。リカードウは『原理』第2版での「悪政，財産の不安定，あらゆる階級の教育の欠如」といった一般的な貧困の原因をさらに具体的に追及する必要に迫られた。

　南部地域での農民反乱に対して，議会では人身保護令の停止と暴動鎮圧法が審議されていた。またJ. ヒューム（Joseph Hume）議員は演説

---

14)　グルバーンは「アイルランド産農産物への相殺関税賦課」がリカードウの言うように正当化されるのならば，「アイルランドのみならずわが国のさまざまな地域においてもこうした税を課すことになる」とリカードウを批判した。PD, HC, vol.9, 30 May 1823, c.606：V, p.304. リカードウはそこで，十分の一税改革の査定基準を，3年ごと・過去3年間の穀物の平均価格に基づいて定めることを主張した。Ibid., 6 June 1823, c.808: V, p.304.

（1822年2月7日）で，アイルランド十分の一税制度ならびに教会財産に関する調査委員会設置を提案していた。同年6月19日にはヒュームは，アイルランドでの過大な教会財産の弊害を訴え，アイルランド全土の2/11が教会財産であり，残りの9/11の内の大きな部分が十分の一税の対象であると指摘していた。農産物価格と地代が低下しているのに，アイルランドでは十分の一税が増加した例が多く見られそれが農民反乱の原因とされた[15]。

リカードウはアイルランド十分の一税制度に対するヒュームの議会での批判に関連して，十分の一制度は「きわめて込み入った問題」であり，「あらゆる種類の悪弊」が議会で論じられることを評価し，トラワへの手紙（1922年1月15日付）でこう述べた。「それが有能な人の活動を促し，国民は自分たちの真の利害について啓発されます。これが政府に反作用し，わが国の現在の不完全な制度においてさえ，こうして悪弊はしばしば最終的に取り除かれる」（IX, pp.153-54），と。

宗教上の信条に対する社会的差別に反対し，自由な討論と出版の自由を擁護し，議会改革を唱えた「リカーディアン・ポリティクス」の核心的表現の一端をここに見ることができる[16]。しかし「悪弊」除去への道のりは遠かった。

6　ジャガイモ

リカードウも委員であったアイルランド貧民雇用特別委員会（1823年。以下貧民雇用委員会と記す）報告は，1822年の小麦・オート麦の収穫は順調で，アイルランド窮乏地域から大きな穀物輸出があったことを指摘し，こう記していた。「南部ならびに西部地域の住民は現に欠乏に

---

15) Black, *Economic Thought and the Irish Question*, p.206; G. Ensor, *An Address to the People of Ireland, on the Degradation and Misery of their Country*, reprinted from Dublin Morning Post, 1822, p.4; State of Ireland, *PD*, HC, 7 February 1822, vol.6, c.136: Tithes, and the Church Establishment in Ireland, *PD*, HC,19 June 1822, vol.7, cc.1151, 1153, 1163.

16) M. Milgate and S.C. Stimson, *Ricardian Politics*, Princeton University Press, 1991, pp.83ff. Cf. Religious Opinions—Petition of Ministers of the Christian Religion for Free Discussion, V, pp.324-30.

苦しんでいたが，他方で，食料余剰の保持という異例の状態を呈していた。……したがって 1822 年の惨禍は食料自体の不足から生じたというよりも，それを購入する十分な手段の不足から，換言すれば，利益をもたらす雇用の不足から生じていた」，と。幾人もの委員会証言者もジャガイモは不作だが穀物の収穫は良好であると，異口同音に述べていた。報告は，農民の貧窮の根本原因は，「農民〔の生存〕が彼ら自身の生産する食料に全面的に依存している」こと，すなわち「ジャガイモ収穫の大きな変動と不確実さ」に求めた[17]。

リカードウは，アイルランド在住の女性作家マライア・エッジワース（Marie Edgeworth）と 1822 年 6 月から翌年 5 月にかけて，何通もの手紙のやり取りをしている。話題の中心はジャガイモであった。ジャガイモの主食化がアイルランド小屋住農の怠惰を生んでいるというマルサスたちの主張に対してエッジワースは反論し，リカードウに対して，「ジャガイモに賛成か反対か」と問題を提起していた。リカードウは，1822 年 12 月 13 日付のエッジワース宛の手紙でこう返答した。すなわち，ジャガイモに限らず主食がきわめて安価な場合には怠惰を生む傾向があるが，それはジャガイモに限らない，と。

リカードウは，小麦と同じくジャガイモにも収穫逓減を適用し，こう議論を続ける。「ジャガイモが非常に安価であり続ける間はその〔＝安価が怠惰を生む〕傾向をもつでしょう。しかし時〔＝収穫逓減が働きだす〕とともに，なぜジャガイモが小麦と同じく高価にならないのか私にはわかりません」。主食の如何を問わず，新国で主食が非常に安価な場合には怠惰を生む傾向があるが，ジャガイモであっても旧国化とともにその価格は上昇する，もちろんジャガイモの場合には収穫逓減の作用は緩慢であり，小麦よりも人口扶養力は大きい。良好な統治の下でなら，ジャガイモを主食にした場合には，小麦が主食の場合の何倍もの「勤勉で幸福な人々」をもつことが可能である。「良い政治は人々の食物には左右されません」。

しかし結局のところリカードウは，ジャガイモ収穫の不安定性を理由に，一国人口のジャガイモ主食化は「悪だとみなす見解につねに傾いて

---

17) *Report from the Select Committee on the Employment of the Poor in Ireland,* 16 July 1823, pp.4-5, 13, 67, 158.

います」と結論した（IX, pp.237-38）。

　ジャガイモ収穫の不安定性は新国・旧国を問わず想定しえた。1823年1月11日付エッジワース宛の手紙で，リカードウはこう記した。賃金の自然価格は，階級としての労働者の維持に必要な食料，必需品，便宜品の価格に依存する。主食が安価なジャガイモであれば，賃金はその低い価値によって規制されるので，「ジャガイモが不作の時には人々はより高価な食物〔＝小麦〕を買う手段をもたない」という議論は決定的な意味をもつ。「ジャガイモによって規制される賃金」は，小麦がどんなに豊作であっても，「この穀粒を買うにはけっして十分ではない」（IX, pp.258-59），と。また別の手紙（1822年12月13日付）では，「私は〔ジャガイモよりも〕断然小麦の方を選びます」と記された（IX, p.238）。

　エッジワースの問題提起に引きずられたがゆえにやむをえないにせよ，この結論だけをとらえれば，エンサーの批判したマルサスらのジャガイモに代わる小麦主食化論と同じになってしまう。問われるべきなのは，何故にアイルランド農民の主食がジャガイモになったのかであろう。

　この手紙ではリカードウは，「良き法律と良き統治」の重要性を述べるにとどまった。アイルランドを含めすべての国の人々の幸福に対する大きな障害は「下層階級の不用意」であり，この中には「マルサスが実に見事に論じた早期の無思慮な結婚」が含まれる。「人身と財産に迅速な保護を与え，禁止行為には即刻の罰をもって臨み，またすべての階級の人々が知識を得るのを最も大きく奨励するような，そうした法律」によって，労働階級自らが深慮を獲得し自らの「不用意」を改めれば，「私たちは手の届く範囲のすべての善をほとんど達成しうる」（IX, p.261），と。この限りでは，それは『原理』第2版以降強調された「悪政，財産の不安定，教育の欠如」といった制度上の問題を改めて一般的に述べるものであった。

　「ジャガイモに賛成か反対か」という問題提起に対しては，本来は，肥沃な土地が豊富な新国アイルランドで，農民の主食が不安定な収穫を伴うジャガイモになり，現にジャガイモ不作が農民の困窮を生んでいる，そうしたアイルランド農民の貧困の歴史的由来を問うことであったはずであろう。だが，この点はエッジワースへの返答では追及されな

かった。

　1823 年 5 月 2 日付のリカードウからエッジワース宛手紙は，アイルランドでの悪政の由来に対峙することの困難を露呈するものであった。リカードウは，スコットランドと対比する形で，アイルランドの悪政を正すことの困難を強い調子でこう記した。

> 「あなたの騒がしい国民は議会でわれわれに多大な難儀を与えています。あなた方をどう御せばよいのか，またあなた方に平和と秩序と善政という祝福を与えるにはどういう方策をとればよいのかは，われわれの最上の部類の人でさえ分かりません。あなた方は普通の手段で改善できる状態にはまずないほど長く悪政の下にあります。抑圧と過酷ではほとんど役に立たないことが分かっています，今や寛容と親切と和解の体系が試みられることを私は望みます。もしこの体系が成功しないのなら，われわれがあなた方を全面的に見捨ててしまうことを私は望みます――あなた方なしでもわれわれは十分うまくやっていけます，――われわれにとってあなた方は大きな負担であり，われわれが自分たちの政治を大きく改善することを妨げています。あなた方に係わることでわれわれの時間の全てがとられていますから――」（IX, pp.295-96）。

7　不在地主

　リカードウは 1822 年 5 月 16 日の議会演説で，不在地主への課税請願に関して発言していた。この請願はアイルランド不在地主を直接に対象とするものではなく，大陸各都市に居住する英国人を対象として出されたものであったが，当然のことながらアイルランド不在地主にも言及がなされた。ある発言者（D. Browne 議員）はアイルランドの財産所有者の半分を不在地主と見て，アイルランドの害悪の要因として不在地主制度を厳しく批判した。

　これに対して，リカードウは「不在地主の財産もしくは所得に対する課税は，彼ら個人のみならず彼らの資本をも〔国外へ〕持ち去るよ

うに直接に促す」という理由でこの請願を批判した。「現在はともかくもわれわれは彼らの資本を〔英国内に〕持っており，その資本は彼らが〔アイルランド〕国内にとどまる場合ほどではないにしても有用である」ことは確かなのであった。不在地主課税請願に反対した蔵相（J. F. ロビンソン）は，リカードウを支持して，多くのアイルランド不在地主のうちで「少なからずの数がイングランドに居住しており，彼らはしたがって，帝国全般に賦課される税の負担分から逃れていない」と発言した[18]。

不在地主のイングランドへの地代送金がアイルランド経済に与える影響に関しては，ブラックの研究が整理したように，マカロック（J.R. McCulloch）の論説「不在地主」（1825年）での，不在地主の送金は経済的には有害ではないとの結論が，古典派経済学の基本の考え方を示している。その根拠は，イギリスへの送金はアイルランドからの輸出を増加させ，アイルランド国内での資源配分を変化させるものの，国内での所得ならびに雇用の純減少をもたらさない，すなわち，需要のシフトが物価水準もしくは正貨移動の変化も生むことなく地代送金を可能にする，ということであった。

不在地主がアイルランド国内に居住し，その地代分を国内で消費すれば，「国内市場での需要のこの増加は，外国市場でのまさに同額の需要

---

18) Absentees, *PD*, HC, vol.7, cc.654-55,658. 当時，アイルランドの土地貴族の1/3が不在地主といわれた。Black, *Economic Thought and the Irish Question*, p.72. 不在地主のイングランドへの送金額は増加の一途をたどった。1779年にはヤング（A.Young）はそれを年73万ポンドと述べ，19世紀初頭にはニューナム（T. Newenham）は年200万ポンド以上と記した。G. O'Brien, *Economic History of Ireland in the 18th Century*, 1st ed.,1918, reprinted in 1977, p.62. マルクスは，不在地主への地代と抵当権者への利子支払い額は1834年には700万ポンド以上にのぼり，仲介借地人はこの額を土地改良や製造業には投資せず，「彼らの蓄積は全部イギリスへ投資するために送られた」と記した。『全集』第16巻，1867年アイルランド問題講演のための下書き，444ページ。

スミスは『国富論』で不在地主への課税についてこう記していた。「非居住国では，地租も，また動産および不動産の譲渡に対する高額の賦課金も存在しない場合，アイルランドがそうであるように，不在地主は，支援のために自分では1シリングも寄与していない政府の保護から，巨額の収入を引き出すかもしれない。このような不平等は，政府が別の政府になんらかの点で依存し従属している国においては最も大きくなりやすい。……アイルランドはまさにこの状況にあり，したがってわれわれは，不在地主への課税提案が，その国内であふれかえっているのを驚くわけにはいかない」（Adam Smith, *Wealth of Nations*, Glasgow ed., p.895. 高訳，下595ページ）。

の減少によってバランスされる」のである。国を貧困にするのは，「収入の外国への送金によってではなくて資本の外国への送金によってである」[19]，というのがマカロックの主張の基本であった。

　リカードウの上の発言（1822年5月16日）には，不在地主の資本がアイルランド国内にとどまる（イングランドへの送金がない）場合の方が有用であるという論理も含まれていると解することができるかもしれない。だがこの発言が，不在地主課税請願を封殺する側の役に立ったことも否定できない。しかもマカロックも認めたように，現在アイルランドにとって最も有利に地代送金を行える財貨は穀物をはじめ農産物であった。問題にすべきなのは，ジャガイモ不足で飢えに苦しむ小農民を脇において，不在地主への地代送金がイングランドへの穀物輸出の形をとって行われる，という現実であった。

　やはりブラックの研究が指摘したように，スクロウプ（G.P. Scrope）は『経済学原理』（1833年）で，不在地主への送金が輸出増加という形で行われるとしても，アイルランドとイングランドでは輸出財のちがいが存在することを強調した。イングランドの不在地主がその地代を外国に送金する場合には，それは工業品の輸出増加という形で行われ，地主の送金はイングランドでの工業品生産の増加，関連産業での雇用の増加という効果をもつ。

　また北米のように，住民が十分な食料と雇用をもつのであれば，食料輸出には大きな問題はない。ところがアイルランドのように雇用が少なく住民の多くが窮乏状態にあり，十分な食料が得られていない国で地代送金が主に食料輸出増加という形で行われれば，直接的には，それは雇用を与え彼らの状態を改善するための手段の取り去りを意味する。スクロウプは，アイルランド不在地主が国内に居住すれば，現在は地代支払いのために輸出されている食料のかなりの部分が「アイルランドの商人，職人，労働者に移される」，これによって住民は「雇用と生存手段の追加」という利益を受ける，と記した[20]。

---

19) J.R. McCulloch, Absenteeism, *Edinburgh Review*, vol.43, November 1825, pp.56-57, 60. 強調は原文。Black, *op.cit.*, chap.3.

20) G. Poulett Scrope, *Principles of Political Economy*, London, 1833, pp.394-96. ただしスクロウプは不在地主への課税には反対し，不在在住を問わず地主に対する救貧税賦課を提唱

問題は，不在地主の本国への送金が食料輸出増加という形をとり，そのための食料生産増加が，食料の欠乏に苦しむ小農民の生産・生活条件の向上につながる仕組みが定着せず機能していないことにあった。
　19 世紀アイルランド経済に関する新しい研究の流れは旧来の悲観論を大きく修正している。だが，経済成長の成果の分配がきわめて不均等であったことも事実である。1830 年代中葉においても，夏季のジャガイモ収穫の端境期（hungry months）には，800 万人弱の人口中約 1/3 が極度の窮乏にあり援助の必要に迫られていた。アイルランドは「分裂した社会」の度を増していた[21]。
　1823 年 6 月に設置されたアイルランド貧民雇用特別委員会の委員に任命されたリカードウは，報告書印刷の直後にトラワ宛手紙（同年 7 月 24 日付）で，アイルランド問題解決の——自らが繰り返した「悪政」是正の——困難をこう率直に記した。

　「アイルランドの人々の雇用のための，政府によるアイルランドへの資本の貸出は多くの人が愛好する案です。このような案に私は断固とした反対意見をもっており，私は必ず反対の主張をします。もしアイルランド〔選出〕の議員の大部分が彼らの思い通りにできるなら，われわれは大量の慈善的借款を供与するだけでなく，奨励金や割増金をもってあらゆる種類の製造業を奨励することになるでしょう。……アイルランド人は連合王国の他の住民とは異なり，彼ら自身の利害について共通の啓発された見解をもっていないように，私には思えます。彼らは熟考された投機がもたらす有利な結果を辛抱強く待つという観念を持ち合わせていません。……彼ら〔アイルランドの地主〕は借地人に勤労と蓄積の精神を奨励することが彼ら自身にもたらす利益を見ようとはしないばかりか，人々をあらゆる種類の圧迫に慣れた別の種類の生き物と考えているようです。——彼らは，現在のちっぽけな地代のために彼らの農場の分割を重ねる結果，借地人各人からはほんの零細な地代しか受け取りません

する。
　21) James Kelly ed., *Cambridge History of Ireland,* vol. Ⅲ , 2018, chap.7 (written by A. Bielenberg), p.200; chap.24 (written by P. Gray), p.642.

が，それでもその総額はかなりの額になります。――彼らはこれらの地代をかき集めるために過酷な手段に訴えることを，またそれが引き起こす個人的苦悩をも意に介しません。アイルランドは圧迫された国です――イングランドによってではなくて，その内部で鉄の鞭をもって支配する貴族によってです。イングランドはかの国の弊害を矯めることもできますが，そのイングランド自身がかの国を治める徒党を恐れているのです」(IX, pp.313-14)[22]。

　貧民雇用委員会報告は，「貧窮と怠惰の習慣の是正」こそが最も重要であり，「勤労という自立精神を刺激し，農民に自助を促す」ことがとるべき政策であり，「慈善救済は最も有害な結果」をもたらすと指摘した。「いかに博愛の意図に基づこうとも，農民を自身の労働ではなくて他者の仲裁に依存させる救済制度は，労働階級の境遇改善に欠かすことのできない勤労の努力を押しなべて抑制せざるを得ない」というのが報告の基本的立場であった。困窮の原因を労働者の「怠惰の習慣」に求めたのである。しかしそのうえで報告はその末尾で，「平穏と安定」が危険にさらされ，雇用を拡大する資本投下の増加が望めないアイルランドの現状では，「平穏と安定」を回復し，「国民の勤労」を奨励する第一歩として，公的援助の必要を――ただしあくまで「地方の努力のみを援助するという原則」で――認めていた[23]。

　前年1822年5月にはアイルランドの窮状打開を求めるいくつもの請願に押されて，政府による直接の救済を渋っていた総督グルバーンも道路建設・修繕，公共事業にアイルランド貧民の雇用を行うことを提案していた。またロンドン・タヴァン委員会議長ジョン・スミス（J. Smith）議員は，「イングランドは今緊急に姉妹国への援助が求められている。

---

　22)　リカードウは，ブルーアム（Henry Brougham）の仲介で4,000ポンドの支払と25,000ポンドの貸付（6％の利子）でアイルランド・ポーターリントン選挙区の4年間の議席を得た（V, p.xvii）。アイルランド・ゴルウェイ選出マーティン（Richard Martin）議員は議会改革をめぐる論議（1823年4月24日）のなかで，貴族の権勢を批判して議会改革を唱えるリカードウが，選挙人が12人のポケット選挙区で，貴族の力を通じて議席を得たことを揶揄した。リカードウは生涯アイルランドに足を踏み入れたことはないようである（V,p.289）。

　23)　*Report from the Select Committee on the Employment of the Poor in Ireland,* 1823, pp.5, 11.

われわれはアイルランドに多くの借りを負っている，今こそそれを返すべきである。われわれは繁栄の中でもアイルランドを圧迫してきた。われわれはこの試練の時に，アイルランドの改善のためにあらゆることを成す義務がある」と発言していた[24]。

リカードウは1820年5月25日に，イングランド・リネン製造業者から出された，アイルランド産リネンへの輸出奨励金と同等の奨励金付与請願に反対していた。それは「奨励金の一部を外国消費者に与えること」であった。また同年6月2日には，リカードウはアイルランド産リネンへの保護関税廃止を支持した。「この保護関税は……〔アイルランド合同から〕20年間存続してきた。20年という時はその廃止に備える機会を——もしそうした機会が必要であるとしても——アイルランド製造業者に与えるにはまったく十分なほど長い期間である。それを延長する理由はない」と発言した。リカードウは同じく6月8日には，アイルランド産リネンへの輸出奨励金は「原理上反対すべきもの」と発言し，さらに6月30日には，「アイルランドに与えられた奨励金はイングランド国民に対する課税の性質」を持つと述べ，こうしたアイルランドに対する保護政策全般に反対していた（以上，V, pp.57-58）。

アイルランド産品への保護関税・奨励金は，アイルランド合同法によって制定されたものであり，その期限も併せて定められていたが，リカードウにとっては，こうした保護は通商の自由という「正しい原理」に反するものであった。これらのアイルランド産品への保護は，リカードウの死後1824年に廃止され，両国は自由貿易地域となる。両国財政は1817年に統合され，さらに26年には両国通貨は統合される。経済規模としては大きな格差を有し，イングランドへの経済的依存を強めるアイルランドは，こうして1820年代中葉には新たな経済統合の段階に

---

24) Irish Poor Employment Bill, *PD,* HC,16 May 1822, vol.7, c.669; Employment of the Poor In Ireland, *ibid.,* 17 May 1822, vol.7, cc.698-99. スミスはこの時にシティの銀行家・商人とともにアイルランド救済緊急慈善募金を訴え，同年のイギリス議会が飢饉対策として計上した金額とほぼ同額の30万ポンド余を送った。勝田俊輔・高神伸一編『アイルランド大飢饉：ジャガイモ，「ジェノサイド」，ジョンブル』刀水書房，2016年，第6章（金澤周作執筆）145ページ。イングランド内外での慈善募金運動の広がりについてはGerard MacAtasney, *The Other Famine,* The History Press Ireland,2010, pp.64ff.

進んだ[25]。

　1823年7月24日付のトラワ宛の手紙での，アイルランドでの雇用創出のための政府による資本貸出に対する反対，ならびに慈善的借款，奨励金，割増金によるアイルランド製造業奨励策への批判とは，保護主義に反対し通商の自由という原理を擁護する自由貿易論者リカードウにとってみれば，当然の主張であった。なるほどリカードウが言うように，アイルランド地主の多くがイングランドによるアイルランド征服とその後の「圧迫」の結果生まれた不在地主であり，また実際には農業改良のための政府による貸付けが地代増加の形で地主の利益に吸収されるという現実が認められることは事実である。リカードウの言う慈善的借款，奨励金，割増金が，利権を求めるアイルランド「内部で鉄の鞭をもって支配する貴族」の利益にもなったであろう。

　しかしながら合同法以前には，1666年の家畜法（the Cattle Acts）によるアイルランド牛・羊・豚・バターなどの輸入禁止によるイギリスの国内畜産への保護をはじめとして，1699年のアイルランド産羊毛，毛織物の外国への輸出禁止，またアイルランド-イギリス間の輸入関税額のアイルランドに不利な格差，1771年のイギリス産リネンへの輸出奨励金付与からのアイルランド産リネンの除外という——ジョン・スミス議員の言う「われわれは繁栄の中でもアイルランドを圧迫してきた」——事態が存在したことも事実である。

　こうして17世紀以来，イングランドの利害と対立するアイルランド毛織物工業が抑圧され，その代償として奨励されたリネン工業も，産業革命を控えた初期綿業というべき18世紀後半のランカシャ・リネン工業の興隆の中で，やがては衰退を余儀なくされるという歴史的環境が形成されていた。アイルランド・リネン工業は，結局はランカシャ・リネン工業への麻糸供給者として位置付けられ，植民地的産業としての成長を強いられた[26]。

　アイルランド製造業への抑圧という歴史的環境が，『原理』初版第5

---

25) Frank Geary, The Act of Union, British-Irish Trade, and Pre-Famine Deindustrialization, *Economic History Review*, vo.43, no.1, 1995, p.69.

26) 竹田泉『麻と綿が紡ぐイギリス産業革命』ミネルヴァ書房，2013年，第2章103ページ：松尾『近代イギリス国際経済史』第2章。

章で問題とされたアイルランドでの貧困の一部を成したことは否定できない。それは，肥沃な土地が豊富な「新国」での住民の怠惰とは別の問題であった。

「アイルランドは〔今議会会期中の〕君の関心の大部分を占めました」（Ⅸ, p.316）と，トラワはリカードウ宛の手紙（1823年7月20日付）で書いた。リカードウは『原理』第2版で，肥沃な土地の多寡と人口という基本論理では処理しきれないアイルランドでの貧困という問題の根底に「悪政」があることを強調した。しかしその「悪政」の由来とその是正策については，ついに明確な答えを示せないまま同年9月に亡くなった[27]。

---

[27] リカードウの死の10年余り後，R. コブデン（Richard Cobden）は，アイルランドの交通・停泊に適した河川と海岸線の自然の利点に着目し，イギリス資本の輸出によって，アイルランド国内鉄道網を敷設し，さらに峡湾の整備によって，アイルランド西海岸を成長著しいアメリカ東海岸との貿易拠点にし，さらにそこからヨーロッパ各地への貿易ハブにすることを提案した。イングランドとアメリカをつなぐ蒸気船の運航で，「アイルランドは二つの大陸の間の最短地」となり，「全ヨーロッパへの出発点」として発展し，こうしてこの2世紀にわたるイングランドによるアイルランド商工業への抑圧の結果生じている，貧困状態からの脱出の一歩となることが期待された。R. Cobden, *England, Ireland, and America*, London, 1835（reprinted by Institute for Study of Human Issues, 1980），pp.39, 41, 68, 71. こうした発想はリカードウの文書・発言からは読み取れなかった。

第3章

穀物輸入源の変移

1 穀物輸出国での土壌疲弊

　第1章で見た，穀物輸出国と輸入国との関係に関するリカードウの主張は，結局のところ，穀物輸出国での地力逓減＝土壌疲弊がもたらすその経済発展への影響に，ひいては穀物輸出国の経済的停滞に目を閉ざすことになった。それは，当時イギリス向けに穀物を——しかも自国国民大衆の主食であるライ麦ではなく，主に輸出商品として小麦を——生産するプロイセン，ポーランドからみれば，先進国の自己中心的見方に基づく議論と理解された。

　最高の生産ではなく，最大の純（営業）収益こそが農業経営の目的であることを基本においた，ドイツにおける近代農法の提唱者テーア（Albrecht Thaer）『合理的農業の原理』（1809-12年）が指摘していたように，ドイツで小麦が作られるのは「小麦の価格が特別な市況によって，ライ麦に対する自然的な比率以上にかなり騰貴する場合」だけであった。それは「小麦はライ麦より土壌を消耗させ，地力枯渇度も大きく，そのうえ小麦藁も少ないため，堆厩肥素材の再生産が少なくなり，したがって，小麦が繰り返し作付けされる場合には，経営全体が弱体化してしまう」からであった[1]。

　1）　Albrecht Thaer, *Grundsätze der rationellen Landwirthschaft,* Berlin, 1809-12.『合理的農業の原理』3分冊，相川哲夫訳，農文協，2007-08年（底本は1837年新版）訳下79ページ。

第3章　穀物輸入源の変移

　土壌養分枯渇度はライ麦1に対して小麦1.3,穀粒とその藁の重量比はライ麦38-40対100,小麦48-52対100であり,家畜が消費する藁と糞尿の量（厩肥）はライ麦が小麦の1.17倍である。テーアが提唱する飼料作物と家畜の厩舎内飼育を伴う輪栽式農法の場合でも,夏小麦は大麦よりも地力の消耗が激しく,「強力な堆厩肥の使用を欠く場合には」作柄は不良となる。厩堆肥の充用で夏小麦を作っても地力が消耗すれば,2年後の冬小麦はその分不作になる,そうならないためには施肥の追加が不可欠であった[2]。輸出用小麦の増産には,収穫によって奪われた地力を補填する施肥が不可欠である。

　植物に養分を与え,土壌の肥沃度を規定する唯一の物質として腐植（フムス）説を唱えたテーアにあっても,フムスは「不変的」ではなく,「不可滅的 unzerlegte」でもない。肥沃度また地力は「可変的であって,それを吸収した植物がなんであっても,それを補償しなければ減少するものである」。作物の生育で土壌のフムスは減少し,ついには枯渇するものである[3]。

　同じくドイツの農業経済学者テューネン（J.H. von Thünen ）もその『孤立国』（1826年）で,小麦栽培の地力消耗の大きさを訴えている。テューネンも,収穫が耕地から1年間に取り去る食物栄養分と耕地の全肥力との割合を表す相対的消耗率を,小麦栽培がライ麦の1.3倍と見積もっている。したがって,穀作拡張がライ麦ではなくて小麦で行われる場合には,「良好な耕地においてさえ無闇に穀作を広げることは失敗に帰す」のであった[4]。

　イギリス商務省穀物報告監査官として,幾度も大陸農業の実情を視察したW. ジェイコブ（William Jacob）は,ポーランド農業の現状について1820年代にこう語った。ポーランドでは,飼料作物を組み込んだ輪作様式が未定着な三圃制農業が行われており,肥料の不足のために地力維持には限界がある。「肥料がなければ,小麦生産は利益を生まない。土地の広さにある程度釣り合った数の家畜がいなければ,肥料は得られ

---

　2)　同上，上 267, 301-02 ページ，下 91 ページ。
　3)　同上，上 266, 中 101-03 ページ。
　4)　J.H. von Thünen , *Der isolierte Staat,* Berlin,1826.『孤立国』『近藤康夫著作集』第1巻，農文協，訳 76,142-43 ページ。

ない」。

　にもかかわらず，ポーランドは過去2世紀にわたって過大な量の小麦を輸出し続けた。その結果現在では「ポーランドの耕地は過度の作付による〔地力の〕枯渇状態」に近づいている。そもそも「いかなる国からの穀物輸出も，それが長期間続く場合には，〔地力の〕損耗を埋め合わせるために肥料に転形しうるなんらかの作物が導入されないならば，土壌を疲弊させる傾向がある」というのがジェイコブの基本認識である。地力の損耗を埋め合わせることが，穀物輸出国が輸出国として自らを維持するための大前提であった[5]。

　ジェイコブは，小麦作付拡大のためには従来の耕作制度の変更が必要であり，「耕作者は耕地のより大きな割合を穀物と休閑に振り向け，そうして家畜を減らし，この結果厩肥の補給を減らさなければならないか，それとも厩肥や……休閑なしには種子と労働の費用を超えた産出が不可能な土地に，〔より完全な耕耘のために〕より多くの頭数の馬の力を費やさねばならないかのいずれかである」と述べた。旧来の三圃制度の下では小麦作拡大には限界があり，拡大のためには肥料補給がカギになることが強調された[6]。

　ドイツの経済学者F. リスト（Friedrich List）は『経済学の国民的体系』（1841年）で，イギリス自由貿易論は「島国の支配権」を確立するための政策的主張だと批判した。リストは，世界の工場として史上最強の支配権をもつイギリスは自由貿易を通じてドイツ製造業を破壊し，「ドイツをイギリスの一農業植民地の地位におし戻し」，「他の諸国民国家の廃墟の上に世界帝国を建設」することを目指していると指摘した。リストは，支配権を確立するイギリスとは対照的に，農業植民地の地位

---

　5) Jacob, *Report on the Trade in Corn, and the Agriculture of the North of Europe,* London, 1826. pp.66-67, 97-99.

　6) Jacob, *Tracts relating to the Corn Trade and Corn Laws,* London, 1828, pp.133-34; Masaharu Hattori, Ricardo and the Committee on Agricultural Distress of 1821, in Shigeyoshi Senga et al. ed., *Ricardo and International Trade,* Routledge, 2017, pp.260-01；服部『穀物の経済思想史』知泉書館，2017年，第4章1節；服部『穀物法論争』昭和堂，1991年，第3章。リカードウは『経済学および課税の原理』（初版1817年，3版1821年）で繰り返し，アメリカと並んでポーランドでの穀物価格が低いことに言及しているが，穀物輸出による地力の消耗にふれることはない。*Works and Correspondence of David Ricardo,* ed. by Piero Sraffa, Cambridge University Press, vol. I,1951, pp.15-16,134,268,374. cf. pp.117,378.

に留まる国は,「生産諸力と自然資源との大きい部分が,遊休しており利用されない」状態にとどまり,その農業は「委縮し」,「農地の細分と小経営」が不可避である,と停滞的国民の農業の状態を記した。それは,恒久的な工業力の確立が抑えられて,さまざまな封建的制約の下にある農業を近代化させる物質的・精神的条件自体が奪われるからであった。この結果自立的な国民経済の形成が阻止され,まさに「廃墟」化されると認識されたのである[7]。

リストは,現在,国民国家としては崩壊し分割され,そしてイギリスへの穀物輸出国化したポーランドがかつてはイギリスと「同じ文化段階にあった」が,工業力確立の有無によって,現在の対照的な状態が生まれたことに繰り返し言及した。農業の近代化が阻止されたポーランドでは耕作者の貧困は明らかであった。エーカー当たりの小麦収量は,イギリスの25ブッシェルに対してわずかに9ブッシェルであり,この9ブッシェルのうち3ブッシェルが地代,3ブッシェルが種子・耕地整備に充てられ,そして耕作者の利潤・賃金にあたる部分は残り3ブッシェルにすぎない。そしてそれらが購入できる工業品の量はイギリスのそれの1/8にすぎない[8]。

同じくドイツの農業化学者リービヒ（Justus von Liebig）は『化学の農業および生理学への応用』（初版1840年,第9版1876年）で,穀物輸入国イギリスをこう厳しく批判した。

　「イギリスはすべての国々から彼らの肥沃性の条件を奪っている。イギリスは〔国内での農業生産のために〕既にライプツィヒやワーテルロー,クリミア地方といった戦場から骨をかき集め,シチリアの地下墓地にある幾世代にもわたって蓄積された人骨を〔肥料として〕利用している。さらにイギリスは〔肥料として活用可能な人糞

---

　7) Friedrich List, *Das nationale System der politischen Ökonomie,* Stuttgart & Tubingen,1841.『経済学の国民的体系』小林昇訳,岩波書店,1970年,57, 65, 420, 455ページ。強調は原文。リストがアメリカ追放中に公刊した『アメリカ経済学綱要』（*Outlines of American Political Economy,* Philadelphia, 1827）ではすでに,「外国への原料および食料の大量販売は,繁栄の源泉となるよりも国内の厄災および弱化の源泉となり,外国依存の源泉となることのほうが多い」と書かれていた。正木一夫訳,未来社,1966年,94ページ。

　8) リスト『経済学の国民的体系』訳205,277,294-95ページ。

尿の下水排出を通じて〕，350万人分の将来世代のための食料を毎年破壊し続けている。イギリスは自らの真の必要や永続的利益に貢献することなく，吸血鬼のごとくヨーロッパならびに世界の喉元に食らいついて生き血を吸っている……」[9]。

リービヒにあっては，農業とは収穫物によって耕地から土壌栄養分を取り去る行為であるから，取り去られた収穫物である小麦が輸出されれば，輸出国の土壌はその栄養分を回復しない，という点が肝要であった。しかも小麦はライ麦に比べて，はるかに多くの栄養成分を必要とする。「ライ麦植物と同じ要素を土壌に要求する小麦植物がライ麦畑の土壌で同じように繁茂しない理由は，小麦がライ麦より同一期間に多くの栄養分を必要とし，しかし増加分が得られないためである」。

「土壌を大切にする作物など存在せず，土壌を豊かにする作物はありえない」というのが，彼の主張の中心論点であり，したがって収穫後には失われた栄養分の補填――「適当な肥料組成によって可能なかぎり畑の養分比率に働きかけ，その比率が栽培しようとする作物に最適になるよう努める」こと＝最小養分律――こそが，土壌の肥沃度を保持し農業の永続化のために不可欠であった[10]。

第1章で示したように，リカードウにあっては，穀物輸出国での劣等地耕作拡大と穀物輸入国での劣等地耕作縮小が，自由貿易下での穀物輸入量を規定する要因であり，この拡大と縮小の一致する点――輸出国・輸入国の穀物価格が同一になり，しかも彼が繰り返し述べた「数週間分の」輸入量が保証される条件――が問題とされた。だがリービヒにあっては，穀物輸出による最優良地を含めた土地全体の土壌疲弊・肥沃度低下こそが，さらには後に見るように，輸入国における輸入穀物の消費・分解による肥料化が重要であった。リービヒは土壌の栄養分について従来の有機栄養説（腐植説）を批判して無機栄養説を唱え，自らも化学肥料生産に乗り出した。

---

9) Cited in W.H. Brock, *Justus von Liebig, The Chemical Gatekeeper,* Cambridge University Press, 1997, p.178.

10) リービヒ『化学の農業および生理学への応用』（引用は第9版1876年から），吉田武彦訳，北海道大学出版会，2007年，81,93-94,243-44,258ページ。

リービヒが言うように，小麦を輸出することで，また骨というリン肥料を輸出することで，ドイツはその地力を，いわば二重にイギリスに与えているのであった。当時骨輸入は，イングランドの軽土質地での根菜類・穀類栽培に必要な，しかも天然供給のほとんどないリン酸の重要な供給源であった。「1トンの骨は10トンのドイツ穀物輸入を節約する」と言われた[11]。

　そうなれば，現在の穀物輸出国の輸出継続には限界が生まれる。リービヒは1859年11月17日付の手紙でこう書いている。イギリスは石炭・鉄資源を有する限り，その高い工業生産力をもって穀物・農産物の輸入を継続できるという見方は，将来を過度に楽観視している。穀物輸出国は「穀物再生産の条件が……回復されなければ」穀物輸出をやめざるをえない。「イギリスはヨーロッパの耕作地を略奪し，完全に枯渇させ，そうして彼らから穀物と肥料を供給する長期的能力を奪っている」。さらに骨や肥料を輸出する国は自国での穀物や肉の生産を急速に減退させるから，「きわめて短期間のうちに」肥料の輸出もできなくなる，と[12]。

　『現代農業書簡』（1859年）で端的に表現されたように，「農業者は彼の畑の生産物の形で，実際には彼の土地を販売している」のであり「彼の畑の収穫物を全面的に譲渡することで，彼は土地から再生産の条件を奪っている」。

　さらにリービヒは，当時肥料としての効能がきわめて高いとされていたグアノ輸入の必要性をこう強調した。「イギリスが永久に穀物生産国にとどまろうとすれば，グアノの自由で豊富な供給（現在でさえ大ブリテンはヨーロッパへの全グアノ輸入のほぼ9/10を消費している）が必要である」。「イギリスへのグアノ輸入を妨げる事情が起これば，測り知れないほどの諸結果が生ずるであろう。ちっぽけな意義しかない原因から，

---

　11)　高橋英一『肥料になった鉱物の物語』研成社，2004年，139ページ；高橋『肥料の来た道帰る道』研成社，1991年，61ページ；F.M.L. Thompson, The Second Agricultural Revolution, 1815-1880, *Economic History Review*, NS, vol.21, no.1, 1968, p.71.「実際のところ，畑は収穫農作物中に失った全土壌成分の一定量を，厩肥の形で回収するのである」（リービヒ『化学の農業および生理学への応用』訳261-63ページ）。

　12)　Baron Liebig and Alderman Mechi [Letter from Liebig to Mechi], *The Times*, 23 December 1859, p.6.

時には血なまぐさい戦争が起きてきた」[13]。

またグアノ輸入の停止とかかわらせて，リービヒは『タイムズ』紙上の書簡（1859年1月19日）で，都市の排泄物の肥料としての利用の意義をこう語った。「もしイギリスが農業国にとどまろうとするならば，大都市で生み出される排泄物や同様の残物を肥料として利用しなければなりません。アメリカと戦争が起きグアノ供給が停止するときにはその必要性は増すでしょう」，と。リービヒは尿尿の有効利用のための具体案を提案している[14]。

だが，イギリスは輸入した食料と肥料を無駄にしていた。『化学の農業および生理学への応用』ではこう記された。「大都市における水洗便所の導入は，350万人の食料を再生産できる諸条件を毎年一方的に失うという結果をもたらした」[15]。さらに，E. チャドウィックが『英国労働人口の衛生状態報告』（Edwin Chadwick, *Report on the Sanitary Condition of the Labouring Population of Great Britain*, 1842）で，都市の屎尿利用の化学的根拠としてリービヒの所説をあげたように，下水の河川への垂れ流しは，1830-60年代に繰り返されたコレラ流行の原因として，都市衛生問題としても議論された[16]。

2　輸入穀物の消費と分解

こうしたリービヒの主張に呼応するかのような議論が，穀物輸入国であるイギリスの側からも提起された。1840年に出版されたプット（Charles Putt）『穀物法，すなわち3,000万住民のパンの考察』（[1840]年）がそれである。

プットは，輸入国での農産物消費はその排泄物を通して自国土壌に肥料として利用可能であることを論拠に，農産物輸入は自国農業に害をも

---

13) Liebig, *Letters on Modern Agriculture,* ed. by John Blyth, London, 1859, pp.177, 270.
14) Letter from Liebig to C. Lewell, *The Times,* 19 January 1859.
15) リービヒ『化学の農業および生理学への応用』訳394-95ページ。
16) Brock, *Liebig,* pp. 251, 258；小川眞理子『病原菌と国家』名古屋大学出版会，2016年，第2章。

たらさず，むしろ長期的には自国土壌の肥沃度向上と農業改良とを通じて穀物自給を可能にすると主張した。この主張が，穀物輸入量が大量ではなく，国内農業生産が全体として高い水準にある現状を前提としているのは，言うまでもない。

1840年のイギリスの小麦自給率は90％程度と推定される。1841-44年の年平均小麦輸入量は190万クォータであった。1人が年1クォータの小麦を消費するとすれば190万人分にあたる。ちなみに1840年の大ブリテンの人口は1,830万人，アイルランドは820万人である。

全体として，本書には経済理論的に取るべきものは少ない。だがリービヒも指摘する，大都市における排泄物の河川への垂れ流しが土壌肥沃度維持を困難にしている現状を批判し，排泄物の肥料としての活用による農産物輸入国での土壌改良の可能性と，さらにはそれを通じた穀物自給をも結論する点にプットの主張の特長がある。

プットは農業化学者C.ジョンソン（Cuthbert Johnson）の『液体肥料』（1837年）での文章[17]を引用してこう述べた。年々膨大な量の外国産農産物が輸入されている。莫大な量のあらゆる種類の魚類，西インドからの砂糖，中国からの茶，フランスからの緑黄果物と3万トンの卵，ベルギーからの油粕と骨，スペインや地中海からの果物，合衆国からの綿，そしてその他諸々の動植物が世界中からイギリスにもたらされている――意図的に小麦が外されていることに注意。排泄物肥料化を通じた小麦自給率向上が意図されている――。

「これらは〔その肥料化を通じて〕イギリスの土壌の自然的肥沃度を急速に増大させるものである」。こうした土壌改良によって現在人口に加えて1,000万人分の小麦の増産が可能であり，今後多年にわたって小麦輸入をなしにすることができる，と[18]。

後にジェヴォンズ（W.S. Jevons）は『石炭問題』（1865年）で，1846年の穀物法廃止とその後の自由貿易の拡大がイギリスにもたらした恩恵を「地球上の諸地域をイギリスに対する〔農産物の〕自発的な貢納国に

---

17) Cuthbert Johnson, *On Liquid Manures,* London, 1837, pp. 36-39.

18) Charles Putt, *Observations on the Corn Laws, or Bread for Thirty Millions of Inhabitants; without the Importation of a Single Grain of Corn: without Loss to the Farmer, the Landlord, or the Fundholder,* London,[1840], pp.18-19,23.

した」と表現した。そしてその例としてアメリカ，ロシアの穀物，カナダとバルト海沿岸の木材，オーストラレイシアの羊，南米の牛，中国の茶，インド地域のコーヒー，砂糖，香辛料，スペインとフランスのワイン，地中海沿岸の果実，そして世界各地の綿花をあげた。ジェヴォンズは各種農産物の輸入がもたらすイギリスでの富の増大を強調したが[19]，プットの場合には，その増大した富の消費と肥料化の意義を指摘したわけである。

　ジョンソンは上記『液体肥料』で，バーンの著作（J.I. Burn, *Familiar Letters on Population, Emigration, Home Colonaization*, 1832）に言及し，「首都の下水に含まれる現在は有害な大量の富が，いかに簡単に最も有益な目的に変換されるか！　地上の厄介者は地下では肥沃な養分である」という文章を引用し「公共資産の大量の無駄」を指摘していた[20]。

　人間の排泄物の肥料利用の意義は早くから主張されていた。一例をあげれば，農業経済学者 A. ヤング（Arther Young）と J. アンダーソン（James Anderson）も屎尿の肥料としての有効性を評価していた。ヤングはそれを「入手可能なきわめて最良の肥料」であり，効力の点でそれに次ぐのは骨のみであると述べた[21]。またアンダーソンは『英国の現時の穀物不足をもたらした事情に関する省察』（1801 年）で，屎尿の肥料化によって土地の肥沃度向上が可能であることを，以下のように強調していた。

　現在イングランドのすべての地域で大量の屎尿が無駄にされ，このために農産物輸入の削減が可能にもかかわらず実現していない。ロンドン市とその周辺の「この巨大な人口から直接に生ずる厩肥は農業目的からは完全に失われている」。だが，「慎重に保存され，賢明な仕方で土壌に施肥されれば，各 1,000 人の 1 日当たり〔の排泄物の量〕は，1 エーカーの土地への堆肥としてきわめて十分な仕方で施肥されうる量である」。さらに熟達した管理の下では，毎年の収穫による土地栄養分の取

---

　　19)　Jevons, *The Coal Question,* London & Cambridge, 1865, reprinted by Palgrave, 2001, pp.305-06.
　　20)　Johnson, *Liquid Manures,* p.17.
　　21)　Arther Young, An Essay on Manure, *Annals of Agriculture,* vol.33, no.190, 1799, pp.602-03,614.

り去りにもかかわらず，人間の排泄物の施肥によって土壌肥沃度の維持のみならず，その向上さえ可能である。アンダーソンは，ロンドンの人口の排泄物の肥料化がもたらす穀物増産が人口増とさらなる肥料増加をもたらし，この過程が継続しうることを主張する[22]。

テーアも『合理的農業の原理』で，人間の排泄物の肥料化だけで人間の消費量以上の作物が生産できるというのは間違いだが，正しく収集し処理した場合には，「生産のかなりの部分をこの排泄物から作ることができ」，ヨーロッパで 100 万人以上が生きていける，と記していた[23]。同じく後に言及するケアード（James Caird）も『イギリス農業』（1852 年）で，イギリスの大都市から生まれる「膨大な量の肥料」が無駄にされている現状にふれ，人口周密な製造業地域からの「ほとんど無尽蔵な肥料供給」に言及している[24]。

プットの著書の題名にある「3,000 万人住民のパン」の意味するところは，輸入農産物の消費と分解による肥料化を通じて，増産可能な小麦で養われる 1,000 万人を現在の大ブリテン人口に加えたものであった。リカードウが述べたように，穀物自由貿易の下での輸入小麦量がイギリスの数週間分の消費量にすぎないとすれば，輸入農産物の消費と肥料化を通じて，小麦輸入量を減らすことは——もしくは人口増加が大きければ，輸入量が増加しても国内生産量を増すことは——可能だと考えられたのである。

3　外部肥料の導入：グアノ

穀物法廃止後も，土壌肥沃度維持を通じて国内小麦生産の維持——可能ならば増加——を図る動きは存在した。ただしそれは，リービヒやプットらが主張した人間排泄物の肥料化という形では実現しなかった。

---

[22]　James Anderson, *A Calm Investigation of the Circumstances that have led to the Present Scarcity of Grain in Britain,* (written December 1800), 2nd ed., London, 1801, pp.73-77.

[23]　テーア『合理的農業の原理』訳，中 185 ページ。

[24]　James Caird, *English Agriculture in 1850-51,* London, 1852, pp.x, 275:『イギリス農業』佐藤俊夫訳，今井書店，2011 年，vii，233 ページ。

3 外部肥料の導入：グアノ

チャドウィックのように，都市の衛生状態改善のために排泄物の肥料利用（下水肥料）を通じて河川への垂れ流しを停止しようという提案もなされたが，都市排泄物の肥料化という形では衛生状態の改善は進まなかった。

マルクスは『資本論』第3巻5章で，「〔農産物〕消費の排泄物は農業にとって最も重要である。〔ところが〕その利用に関しては，資本主義経済では莫大な浪費が行われる」と述べ，ロンドンでは450万人の糞尿処理のために巨額の費用をかけてテムズ川を汚染している，と批判した[25]。リービヒはそうした事態をとらえて「自殺的過程」と呼んだ[26]。

しかしながら，ヴィクトリア期のリサイクル構想は資本主義農業の特質である，都市と農村の分離を克服する可能性を有したものの，実を結ぶことはなかった。ロンドンでの下水処理計画は1890年まで実施されなかった。水洗便所の普及は，固形排泄物の利用を制約した。決定的な困難は，排泄物は肥沃物質を含むが，その希釈された状態では下水を圃場に運ぶ費用を賄えないという点にあった。こうして19世紀第4四半期には，イギリスの都市の半分以上が未処理の下水を河川や海に直接投棄していた。下水問題は肥料としての利用による利益実現という問題ではなくて，人間の健康に有害なものを最安価かつ効果的に除去する問題である，という全体的コンセンサスが生まれた[27]。

都市の排泄物の肥料化ではなくて，外部からの窒素・リン肥料導入が行われた。農場内部での家畜からの厩肥を補う形で，外部からの肥料の導入がすすんだ。それを促したのが，穀物法廃止前後の農業化学の進展であった。王立農業協会（the Royal Agricultural Society of England）は1838年に設立されている。

穀物法廃止直後に出された『エディンバラ・レビュー』誌の一論説「イギリス農業の現状と見通し」（1846年）は，過去20年間の農業の前

---

[25] マルクス『資本論』大月書店版第4分冊，127ページ。
[26] リービヒ『化学の農業および生理学への応用』訳81ページ。
[27] Nicholas Goddard, 19th-Century Recycling: The Victorians and the Agricultural Utilisation of Sewage, *History Today,* vol.31, 1981; Goddard, "A mine of wealth"? The Victorians and the Agricultural Value of Sewage, *Journal of Historical Geography,* vol.22, issue 3, 1996 ; John Sheail, Town Wastes, Agricultural Sustainability and Victorian Sewage, *Urban History,* vol.23, pt.2, 1996.

進を評価したうえで，農業化学の進歩が今後穀物生産の2倍化を可能にすると記した。そこで強調されたのが，鉄道網の発達による肥料・穀物・排水用材料などの運賃引き下げであり，化学の助けによる人造肥料の製造であった。「ハイ・ファーミングはその本質的要素として肥料の高投入 high manuring を含む」のであった[28]。

同じく『エディンバラ・レビュー』誌の一論説「農業と科学」(1849年)は，農業経済学者ケアードらの提唱するハイ・ファーミングをいかに全土に普及するかという観点から，近年のリービヒ，ジョンストン (James F.W. Johnston)，ブサンゴー (J.B. Boussingault) をはじめ，内外の農業化学研究の成果を紹介し，穀物法廃止のもたらす影響に対抗するうえでの，「もっと多くの知識，特に基礎科学」の意義を強調した。そして自然資源の点でイギリスよりも優位にある国々との競争に勝利し，穀物法廃止によって英国農業が失うかもしれない地位を取り戻すためには，農業化学の実用化こそが急務であると訴えた[29]。

ケアードは，1848年には『自由な借地契約の下でのハイ・ファーミングは保護に代わる最良の代替物』(*High Farming under Liberal Covenants the Best Substitute for Protection*, Edinburgh and London, 1848)という著作で，外国との競争に対抗するものとして穀物法廃止後の農業改良の進行に，そして穀作から畜産への重点の移動に期待を寄せていた。穀物法廃止後のイギリス農業の黄金時代の基礎をなしたと言われるハイ・ファーミングは，農場内厩堆肥の制約から脱した「高投入・高産出・資本集約的農業」であり，その大前提は──上記『エディンバラ・レビュー』誌の一論説が記したように──大量の肥料・飼料投入であった。

1830-80年の間に投入肥料量は27倍に，飼料量は10倍に増加した。厩堆肥の増加は飼料作物増加を前提とするから，一面では人間用食料の作付を制約する。ノーフォーク輪作は穀物生産と飼料生産との両立をもたらしたが，土地面積という上限がある以上この両立には限界があった。その限界を突破させるモメントは「農業を自然施肥から独立させ

---

28) State and Prospects of British Agriculture, *Edinburgh Review*, vol.84, no.170, 1846, pp.224, 228-29.

29) Agriculture and Science, *Edinburgh Review*, vol.90, no. 182, 1849, pp.385-87.

る」ことであった[30]。

　穀物法廃止後のイングランド各州の農業の現状を，2年間にわたる現地調査記録の形で『タイムズ』紙に通信し続けたケアードは，それを纏めた『イギリス農業　1850-51 年』（1852 年）で，小麦耕作地の地力向上のために家畜（牛・羊）頭数増加による厩堆肥の質的量的な向上と，そのための飼料作物増産の必要と，加えて購入肥料の活用を唱えた。そこでは，小麦増産自体を自己目的化するのではなく，畜産・酪農品への国内消費需要増加に対応した混合農業の進展こそが，自由貿易下の低下した小麦価格水準でのイギリス農業存続の道とされた。購入肥料の活用と農産物価格の動向を重視するケアードの以下の言葉を引用したい。

　　「農業化学は進歩している。毎年新たな事実がわれわれの知識に追加され，肥沃性の新たな源泉が農場のために開かれつつある。購入肥料の価格とその運送費用が，それによって生み出される追加生産物の価値よりも大きかった時には，農場を〔肥料の点で〕自給自足にするという原則に基づく〔農業〕システムはきわめて適切なものだったかもしれない。しかしながら，グアノの発見，人造肥料の製造，鉄道輸送の便宜，人口の大増加はこれらの〔施肥のコストと追加生産物の価値との〕相対価値を根底的に変えつつある。こうした変化に対して目を閉じたままで立ち向かう地主や借地人は，この変化を自分に有利に活用しようとする知見と分別を有する隣人との競争で敗北するにちがいない」[31]。

　ケアードは 1854 年の論説「農業における不可能」で，グアノの効用を逆説的な表現でこう記した。「グアノが初めてやって来た時には，何千マイルも海を渡ってもたらされた茶色の粉末が同じ量の良質の農場内厩肥よりも百倍も収穫に役立つことはありえないと，多くの人々はみなした」，と[32]。

---

30) Thompson, The Second Agricultural Revolution, op.cit., p.71; W. レーゼナー『農民のヨーロッパ』（藤田幸一郎訳）平凡社，1995 年（原著 1993 年），261-62 ページ。
31) Caird, *English Agriculture*, p.452：訳 387 ページ，訳文は変更。
32) Caird, Agricultural Impossibilities, *Derby Mercury*, 27 September 1854, cited by

ケアードが『イギリス農業』で各地の農場で広く使用されていると記したグアノとは，ペルーのチンチャ諸島から輸入され，周辺海域のアンチョビを餌にする海鳥の糞尿が長年堆積したものであった。当地の少雨，乾燥気候のため，窒素とリンが凝縮されておりその効果は迅速甚大であった。特に家畜飼料用の根菜類栽培に有効とされた。トン当たり窒素含有量は，人糞尿の 14.5 倍，牛糞の 38.5 倍とされた。さらに厩堆肥運搬費用の節約の効果も大きく，農場の中心から離れた土地や高地で多く使われた[33]。

ハンフリー・デイヴィ（Humphry Davy）は『農業化学要綱』（1813年）で早くも，グアノ施用の実験を行い，その肥料としてのきわめて有力な効能に言及していた[34]。インカ帝国においてその採掘・利用が厳格に管理され保存されていたグアノは，1840 年代以降ヨーロッパ，合衆国での農業生産の維持拡大のために，一挙に世界商品として取引されるようになった。

F. リストは，「農地制度論」（1842 年）でリービヒの研究が農業改良にもたらす影響に期待を寄せていた[35]。その 2 年後リストは，自らが編集した『関税同盟新聞』誌上の論説（「ドイツの立場から見たイギリスの貿易問題」1844 年 13，14 号）で，英国農業改良の進展をリービヒの農業化学の受容とグアノ輸入の増加に結び付けて論じている。そこではこう書かれている。

「リービヒの農業化学がどれほど熱心にイギリスで研究されているか」，「グアノの輸入とあらゆる種類の人工的施肥法の応用とがどんなに計り知れないほど増加しているか」を，ドイツ人は見るべきである，と。リストは，論説「リービヒの農業化学のシステム，その進歩と影響」（1843 年 14 号）では，英国農業界での現在の最大関心事は「穀物

Lesley Kinsley, *Guano and British Victorians: an environmental history of a commodity of nature*, Dissertation to University of Bristol, 2019, p.178. https://ethos.bl.uk/OrderDetails.do?uin=uk.bl.ethos.805603.

33）J.C. Nesbit, *Peruvian Guano*, London, 1856, pp.5-9; Joshua Trimmer, *Science with Practice: or Guano, the Farmers' Friend*, London, [1843?], p.30.

34）Davy, *Elements of Agricultural Chemistry*, London,1813, pp.258-59. デイヴィは，フンボルト（A. Humboldt）がペルーから持ち帰ったグアノの見本を提供されていた。

35）List, Die Ackerverfassung, die Zwergwirtschaft und die Auswanderung, 1842：小林昇訳『農地制度論』岩波文庫，1974 年，65 ページ。

〔法〕問題を別にすれば，リービヒの農業化学であり，その主な理由はリービヒの新発見が穀物〔法〕問題と密接に関係しているから」であると書いた。それはグアノを含む新しい肥料の投入が，混合農業内部で小麦作地の肥沃度を高めてイギリスでの穀物生産を増加させ，外国穀物輸入に依存しない貿易政策を可能にすると予想されたからであった。当然にそれは，イギリスへの小麦輸出に利害をもつドイツにとっての重大関心事であった[36]。

　リストは論説「英国の農業改革と北ドイツの農耕」(1844 年 24 号) では，イギリスの農業改良の進展は著しく，それによって「農業は，ある種の物質の合成を通じて，自然の助けを借りた穀物や牧草や屠畜を製造する製造業のような仕事になった」と結んだ[37]。

　フランスの農業経済学者ラヴェルニュ（L. de Lavergue）は，『英国農業経済』(1855 年) でこう記した。穀物法廃止後の英国農業のエーカー当たりの高い小麦収量（28 ブッシェル——フランスでは 12 ブッシェル）の秘密は，面積当たりの家畜（特に羊）飼育頭数の多さと家畜のもたらす厩肥にある。加えて土壌肥沃度を増すためにグアノをはじめ各種の肥料素材が土壌に埋め込まれている。現在イギリスでの穀類生産地はオート麦を含めて農地面積の 1/5 に過ぎず，小麦作付け地は全体の 1/10 以下である。これは，家畜飼育が小麦生産のための「迂回的方法」であることを示している。さらに先進農場では家畜の厩舎内飼育が普及し，家畜は一種の機械として扱われている。大規模な排水施設を含め「ハイ・ファーミングと呼ばれる現在の農業革命」においては，「農業は自然の過程から変化し，ますます工業的過程になっている」，と[38]。

---

36) 諸田實『「新聞」で読む黒船前夜の世界』日本経済評論社，2015 年，154-59 ページ：椎名重明『農学の思想　マルクスとリービッヒ』増補新装版，東京大学出版会，2014 年，111-12 ページ。リストは，特恵関税が適用されるカナダ経由の合衆国小麦を含めて，イギリスはいわば三重の——本国，カナダ，合衆国——穀物自給体制を樹立しつつあると主張した。そこではイギリスへの穀物輸出国としてのドイツの地位の低下は必至であった。リスト『農地制度論』訳者解説。

37) 諸田實『リストの関税同盟新聞』有斐閣アカデミア，2012 年，208 ページ。

38) Lavergue, *The Rural Economy of England, Scotland and Ireland,* translated [by] a Scottish Farmer, Edinburgh and London,1855, pp.6,48,52,59-60,63,182-83, 186-87, 191-92, 196. ケアードはこのラヴェゲの著書を『タイムズ』紙（1856 年 5 月 15 日）で取り上げ，英仏のエーカー当たりの小麦収量の格差を生む原因を，改めて「英国農業システムがもたらす〔エーカー当たりフランスの 9 倍弱におよぶ〕肥料のより大きな源泉」に求め，フランスでの小麦

アメリカの農業者タッカー（Luther Tucker）は『アメリカ人の英国農業管見』（1860 年）で，英国ハイ・ファーミングの特質として，家畜飼育による豊富な肥料投下に加えて購入人工肥料（グアノとリン）の施用に注目した。そこでは，穀物生産増加の第一歩として「肉〔＝家畜〕増産」が行われ，〈家畜なしでは厩肥なし，厩肥なしでは穀物なし〉の格言が実施されている。そしてタッカーは，米国農業の「後発性」としてアメリカの「自然環境」に由来する市場からの遠い距離，低価格，希薄な人口，そしてなによりも資本の不足をあげた[39]。

リストもラヴェゲも，そしてタッカーも，19 世紀中葉のイギリスの先進農業が，自己農場内肥料の制約を脱して外部肥料への依存を強めることを通じて，その総体的な土地生産力を高めている現実を認識し，自国の（遅れた）農業様式への鏡としたのである。

この点のイギリス側の自覚は，商務省統計局長を務めた G.R. ポーター（G.R. Porter）『国民の進歩』（初版 1836 年，2 版 1847 年）に明瞭に見ることができる。ポーターは，農業改良について，土壌改良，排水，輪作方式の改善とともに，肥料の改善，特に骨粉の使用と 1840 年から始まった「最も重要な肥料特性」を有するグアノの輸入急増を指摘し，併せてリービヒの研究をはじめとする科学的知識の成果の応用にも言及した。『国民の進歩』第 2 版で示された，連合王国の 19 世紀初めからの 65％にも及ぶ人口増加にもかかわらず，国産小麦による人口扶養数がそれに応じて増加したことを示す，いわば農業改良の総括表がその自覚を表している[40]。

イギリスではグアノ肥料使用による収穫増大効果の実験がなされ，グアノ熱はおおいに高まった。グアノは主に根菜類栽培前に施され，根菜類増加を通じて家畜飼育増大につながった。G. クシュマンの研究は，海外から輸入されるグアノ，さらには農業化学実験に基づき製造が始まった化学肥料の普及は，「農場内〔厩堆肥による肥料〕自給と廃棄物

収量増加のカギは，夏季・冬季の家畜飼料の十分な供給にあると記した（p.9）。

39）Luther H. Tucker, *American Glimpses of Agriculture in Great Britain,* Albany, 1860, pp.44,45,50-51,57.

40）G.R. Porter, *The Progress of the Nation,* London, 1836, Vol. I, p.149; 2nd ed.,1847, p.145；服部『穀物の経済思想史』第 4 章 2 節。

の再利用という旧来のシステムに徐々に取って代わり，〔リサイクルを伴わない〕生産・消費・廃棄という〔現代につながる〕一方通行様式の投入集約的農業経営の最終的勝利への道を開いた」と，グアノ肥料の意義を位置付けた[41]。

マルクスは 1857-58 年経済学草稿で，イギリス農業が外部肥料への依存を強めつつある現状を，こう記している。

「ひょっとして農業がグアノを調達するのに絹織物の輸出によるほかはないということがあるかもしれない。その場合には，絹マニュファクチュアはもはや奢侈産業ではなく，農業にとっての必要な産業として現れることになる。……すなわち，農業が自分自身の生産の諸条件を，もはや自分自身の中の自然生的なものとして見出さないということ，この諸条件が自律的な産業として農業の外に存在するということ——また，この諸条件が農業の外に存立することによって，この他種の産業が組み込まれている錯綜した関連の全体もまた，農業の生産諸条件の範囲内に引き入れられているということ……」[42]。

グアノ肥料の効能を訴えた著作『実地のための科学，すなわちグアノ』（1843？年）でトリマー（Joshua Trimmer）は，農業保護減退の見通し，海外との競争，農産物価格低下という厳しい環境の下で，グアノをはじめとする外部肥料の積極的導入を通じて，農業者はこの危機に対応できることを，こう強調した。すなわち，「この試練の時期に商業と科

---

41) G.T. Cushman, *Guano and the Opening of the Pacific World*, Cambridge University Press, 2013, pp.51-52. 当時，農場内部での厩堆肥以外の外部からもたらされるすべての肥料に対して「人造肥料 artificial manure」という用語が適用された。したがって，グアノも——人造化学肥料ではなく自然生産物であるが——「人造肥料」と分類された。Kinsley, *Guano and British Victorians*, p.106. グアノ熱は，人間の排泄物を「人間のグアノ human guano」と呼ぶ著作を生みもした。George Burges, *Native Guano the Best Antidote against the Future Fatal Effects of a Free Trade in Corn*, London, 1848 は，人間排泄物の肥料を「人間のグアノ」と呼んで，その効能を本来のグアノ bird guano よりも高く評価し，その施用による穀物生産拡大の可能性を説いた。ケンブリッジのギリシャ古典研究者であるバージェスによれば，「神は人体を最良の肥料製造にとって最も完璧な実験室に作り上げた」(p.38)。

42) 資本論草稿集翻訳委員会訳『マルクス資本論草稿集 2』大月書店，1993 年，197ページ。

学は，安価で効能豊かな肥料の助けを借りて，農業者がコストを減らしつつ増産できるようにする」，そのためには骨，グアノ，その他外部肥料の購入こそが難局打開のカギである，と。彼においても，施肥の目的は「不毛な土壌での養分の不足を補い，また繰り返された収穫が枯渇させた養分を回復して豊かな土壌に戻す」ことであった[43]。

　ケアードは，グアノ確保に向けて世論喚起の書簡を『タイムズ』紙上に投稿しつづけた（以下，発表期日を文中に記す）。グアノは穀物法廃止後のイギリス農業にとって不可欠な肥料として，その安価な輸入の必要が強調された。ケアードは以下のように主張した[44]。

　この4年間のグアノ使用増大によって，穀物法廃止に伴う圧力は軽減された（1852年12月31日）。現在小麦作付面積は約500万エーカーであるが，年間小麦輸入量は約500万クォータである。グアノ使用によってエーカー当たり1クォータの増産ができるから，グアノ輸入が増大すれば小麦輸入量削減も可能である。「ペルー〔チンチャ諸島〕の〔グアノ〕埋蔵量は途方もなく大きく，今後数世代の需要を十分賄える」。しかもペルー沿岸の太平洋上には未探索の諸島があるし，質は劣るが世界各地にグアノはある。「なにより求められるのは，〔グアノ価格引き上げを目的とする，ペルー政府と委託販売会社ギブス Gibbs 商会との〕近視眼的独占による制約を受けずに，この最も価値ある財の豊富で安価な供給をわれわれが支配するための〔新規の供給源発見に向けた〕熱心な調査である」（1853年7月7・26日，9月10日）。

　狭い領土と使い古した穀物畑しかもたず，増加人口が頼るべき肥沃で未開墾の土壌を有しないイギリスにとっては，「グアノが命綱同然になった」。アメリカ合衆国大統領は，グアノの供給確保策の実施を最近表明した。広大な領土と豊かな土壌をもつアメリカにとっては，グアノは「薬味」にしかならないが，外国からの輸入と国内での生産性改善との両方を通じて，増大する国内需要を充たす必要に迫られているイギリスにとっては，安価なグアノは「死活問題」である（1853年12月23日，1854年2月9日）。

---

43) Trimmer, *Science with Practice: or Guano,* London, pp.5-6, 14.
44) 以下については，服部「安い食料の本当のコスト」『現代思想』2018年3月号，154-55ページと一部重複する。

以上の紹介からわかるように，大量の肥料投入を前提とするハイ・ファーミングを通じて英国農業の維持を図ろうとしたケアードにとっては，国内穀物生産の維持に資するグアノ肥料輸入の意義は大きかった。

 キンズレイの研究が教えるように，ペルー政府は 1842 年以降グアノを国家的所有としていた。1841 年にグアノ貿易に投入された英国船籍は 7 隻：積出量 1,700 トン余：船員数 87 人に過ぎなかったが，45 年には 679 隻：22 万トン弱：11,500 人弱に急増した。さらに王立農業協会はグアノの肥料価値がもたらす需要増加を見越して，ペルーグアノに代わる新たなグアノ埋蔵地の発見を賞金付きで奨励した。ペルーへの航海と事情に通じたある著者（G. Peacock）はペルーのロボス諸島のグアノについて，それは「人類すべての共通財産」であり，農業者が安価に入手できるように自由貿易原則が適用されるべきだと，1840 年代に記した。『パンチ』（1852 年 7 月 24 日）は，グアノを「保護の代替物」と称し，「1 トンの安価なグアノは過去の保護すべてよりも，われわれには値打ちがある」と書いた[45]。

 『マークレーン・エクスプレス』紙（1852 年 5 月 10 日）も，「今や穀物自由貿易が実施されているが……その妥当性に同意するすべての当事者は，とりわけグアノの自由貿易を提唱する義務がある」と，穀物自由貿易下での安価なグアノ輸入の必要を強調した。穀物自由貿易がなされた以上，国内穀物生産維持のためにはグアノの安定供給を妨げる独占制度を廃止して，グアノの自由貿易が不可欠だ，というのである。『ファーマーズ・マガジン』（1856 年 2 月）は，グアノは今や「イギリスの生命の糧」であり，オーストラリアの金鉱よりもはるかに価値のある宝物である，と表現した[46]。穀物法廃止に反対していた国内農業団体においても，穀物自由貿易が実施された以上，穀物生産に必要な肥料の自由貿易（＝安価な肥料）が求められるべき重要事と認識された。

 リービヒは，18 世紀第 4 四半期以降のドイツからの骨輸出と 1841 年以降のペルーからのグアノ輸出とが，イギリスでの農業生産増大に寄与

---

 45) Kinsley, *Guano and British Victorians*, pp.62-63,74-76,83 ; Cushman, *Guano and the Opening of the Pacific World*, pp.43-44.
 46) Cited in W.M. Mathew, *The House of Gibbs and the Peruvian Guano Monopoly*, Royal Historical Society, 1981, pp.136,155.

したことを指摘し，具体的には骨は 1810-60 年の間に計 1 億 1,000 万人分の年間穀物需要を，グアノは 1845-60 年の間に計 2,000 万人分の年間穀物需要を充たしたと述べた。

ただしリービヒにあっては，イギリスがグアノのような窒素肥料を施肥することで収穫を増加させても，それは一定時間内での土壌成分の吸収・作用を促進するという，「畑に養分を富化させる技術ではなく，畑をより速やかに劣悪化させる技術」によってなのであった。それは「畑の消耗によって収穫物を購う」ことに他ならならず，結局は地力の消耗過程を速め，一時的収穫増によって「将来に対する無関心」を生むものであった。しかもグアノも 20-25 年で掘り尽くされる。こうしてリービヒによれば，ハイ・ファーミングも，アメリカ農業に比べれば洗練された仕方ではあるが「略奪農業」に他ならなかった[47]。

最大のグアノ産出地ペルーは，300 年近くに及ぶスペインの植民地支配から 1824 年に独立したものの，引き続く内政不穏，政治腐敗，近隣諸国との紛争のなかで国家財政は深刻な窮迫状態に陥った。こうしたなか，対外債務への支払いとして安定的な輸出実績を誇る銀に加えて，40 年代後半からはグアノが急速にその重要性を増した。1845 年にラモン・カスティリーャ（Ramón Castilla）政権がペルーの政治状況を安定させると，独立後のナショナリスト的政策は 40 年代にはっきりと転換する。外国商会とくに英国ギブス商会（Antony Gibbs & Sons.）とのつながりが強まり，政権はグアノ採掘・輸出のほぼ独占的権利をギブス商会に与えた。

政府は 43 年にこう宣言する。「ペルーは外国資本を必要としている，自国資本では足りないからである。……最も広範な国家利益は，外国資本と外国産業の参入を促進し，保護するであろう。〔独立後に行った〕外国資本・産業の参入に対する迫害に代えて〔今後は〕それを支援する」。政府は年間のグアノ輸出権を政府への貸付に対する競売の形で与え，多額の流動資本を持つ外国資本がグアノ輸出権を得ることになった。ギブス商会は 40 年代から 50 年代にかけて毎年のように政府に多

---

47) リービヒ『化学の農業および生理学への応用』訳 81,93-94,258 ページ。

額の貸し付けを行った。グアノ輸出金額はペルー国債利払いに自動的に組み込まれた[48]。

イギリスのグアノ輸入量は1858年に最高値30万トンを記録する。グアノ採掘に導入された多数の囚人，黒人，インド人，さらには中国人苦力の過酷な労働環境を含めて，イギリスのグアノ輸入がペルー経済に与えた影響はエコロジカル帝国主義とも呼ばれている。言うまでもなくグアノは枯渇性資源であった。1870年代初めにはペルーのグアノも枯渇し始めた。ペルーの国家歳入に占めるグアノ輸出収入の比率は，1860年代初頭には8割にも及び，しかもペルーの国家債務の過半がロンドンで発行された国債消化に依存していた。だがグアノ輸出の収益は内発的成長の起点となる国内製造業の興隆に繋がらなかったし，鉄道建設も外国資本に依存した。

グアノ資源確保をめぐって，1864年にはスペインがペルー，チリと戦争を行い，それが周辺諸国にも広がった。さらにペルーは，グアノの枯渇が明らかになり，それに代わるものとしてその輸出に期待をよせた硝酸ナトリウムの隣国ボリビアでの開発をめぐって，1879年にチリとの戦争（太平洋戦争）を引き起こし，イギリス投資家に支援されたチリに敗北を喫した。硝酸ナトリウム埋蔵地タラパカ州はチリ領となった――第一次大戦中チリは，ヨーロッパの弾薬のために1,600万トン以上の硝酸塩を輸出することになる――。ペルーは財政破綻に陥った[49]。

C. ジョンソン（Cuthbert Johnson）は，グアノの効能を評価しその使用上の留意点を指摘し，併せて「物質転換 transformations」という事実に言及した。すなわち，「一度はなんらかの植物の中にあったリン酸カルシウムが南米の河川の水に漂い落ち，魚の骨成分に入り込んだのち鳥に食い尽くされ，そして再び地上に運ばれてグアノの一部となり，そのグアノが今度は麗しきイングランドの土壌の上にまき広げられて，別の

---

48) J.V. Levin, *The Export Economies,* Harvard University Press, 1960, pp.95,121-23; Mathew, *House of Gibbs,* pp.19-20,93,100,253; Kinsley, *Guano and British Victorians,* pp.8,48；Paul Gootenberg, *Between Silver and Guano: Commercial Policy and the State in Postindependence Peru,* Princeton University Press, 1989, pp.114,119,162,172-73.

49) B. Clark and J.B. Foster, Ecological Imperialism and Global Metabolic Rift, *International Journal of Comparative Sociology,* vol. 50, no.3-4, 2009; J.P. Olinger, The Guano Age in Peru, *History Today,* vol.30, no.6, 1980; Gootenberg, *Between Silver and Guano,* p.132.

植物や動物の組織に入り込む」，と。しかしそのジョンソンは，ペルーで古くから管理された重要な肥料成分が，イギリスの土壌回復のために取り去られたという現実に，またそのペルーへの影響についてふれることはなかった[50]。

1880年代まで続いたペルーからイギリスをはじめヨーロッパならびに合衆国への大量のグアノ輸出は，「地球規模での農業栄養分の最初の大量輸送」であった。約めていえば，ヨーロッパ，合衆国の土地肥沃度回復のための，ペルーでの土地肥沃度を維持する自然の埋蔵肥料の取り去りであった[51]。

4　穀物輸入国からみた輸出国農業

穀物法廃止後早期の1850年代に，北アメリカ農業の実態を調査した著書がイギリスで幾つか現れた[52]。うち2冊は英国ハイ・ファーミングを提唱する農業専門家による著作であり，穀物法廃止後の新小麦輸入源と目された北米大陸農業の実態を自国農業と比較して検討したものである。しかもこの2冊の著書はアメリカの将来の小麦輸出能力について対照的な見方を示すものであった。著者はダラム大学農業化学教授ジョンストンと，これまでも言及してきたケアードである[53]。まずジョンストンの著書から検討する。

---

50) C. W. Johnson, *On Guano as a Fertilizer,* London, 1843, pp.8-9.

51) Kinsley, *Guano and British Victorians,* p. 8; Cushman, *Guano and the Opening of the Pacific World,* p.154.

52) 穀物法廃止後にアメリカ農業の現状に関するイギリス人の著作を検討した研究として，Harry J. Carman, English Views of Middle Western Agriculture, 1850-1870, *Agricultural History,* vol.8, no.1, 1934 がある。この研究は該当する多数の文献が指摘されており有益であるが，全体として各著作への言及は断片的である。この研究には，本稿で取り上げるケアード（またラッセル）の著作への言及はあるが，中西部農業という限定からかジョンストンは取り上げられない。

53) ジョンストンについては，「ハイ・ファーミングによって，農業者は土地のあらゆる可能性を発展させ，最大可能な程度にその永続的生産性を増大させようと望むであろう」（Johnston, *Elements of Agricultural Chemistry and Geology,* Edinburgh and London, 1842, p.138. 強調は原文）という言葉を引用しておく。

(1) ジェイムズ・ジョンストン（James Finlay W. Johnston）

ジョンストンは，アメリカ大陸の「地力枯渇農業」の実態を視察し，カナダ北東部（ニュー・ブランズウィック）ならびにアメリカ東部旧13州植民地を中心とした地域の小麦輸出能力について検討を加えた。マルクスは，略奪農業による地力枯渇を強調するジョンストンを「イギリスのリービヒ」と呼んでいる[54]。ジョンストンは『農業化学・地質学要綱』（1842年）をはじめいくつもの関連著作を公刊し，当時イギリスにおいて，改良農業実践のための基礎的農学の第一人者と目された人物である。

ジョンストンが1850年7月28日にリヴァプールを出港し8月7日にノヴァ・スコシアに着き，以後51年4月中旬に帰国するまでカナダ，合衆国北東部の農業・地質状況を調査した記録が『北アメリカ旅行記：農業・経済・社会』（2分冊，1851年。本書からの参照個所は本文中に記す）である[55]。穀物法廃止後，「封建制度の残存」（マルサスの言葉）を伴う旧小麦輸入源であるバルト海沿岸ヨーロッパに代わるものとして注目された新大陸の開拓農業の実態を，ハイ・ファーミングを背景に〈農業に科学を〉の提唱者が——そして「通商の完全な自由」を訴え，アメリカの保護関税が同国製造業の改良を遅らせる（Ⅱ, pp.429-31）と主張する自由貿易論者が——どのように見ていたのかを知るうえで，この『旅行記』は格好の材料である。

ジョンストンの見解は以下のように整理できる。

新国では，最初の収穫が労働の初期投入分を回収できれば，その土地が「良地」である。「彼らの間では，痩せた土地とは相対的な言葉である。貧しい入植者に適さない土地は貧しいと呼ばれる。すなわち，そうした土地では開墾し野焼きしただけでは最初の収穫は良好ではなく，利益をあげる収穫を得るためには，切り株を取り除き十分に耕す必要がある。……新しい土壌はまずは鋤き返されねばならない。こうして貧者にとっての痩せた土地でも，そうした状態にするだけの資本を有する富者

---

54) マルクスのエンゲルス宛手紙（1851年10月13日付）。『マルクス＝エンゲルス全集』27巻，大月書店，307ページ。

55) Johnston, *Notes on North America Agricultural, Economical, and Social,* 2Vols, Edinburgh and London, 1851.

にとっては豊かな土地であることがわかる」（Ⅱ, pp.116-17）[56]。

　アメリカの肥沃な土地では，入植者たちは肥料なしでも良好な収穫が得られたが，やがて地力は疲弊する。「肥沃な新開地が多年にわたってほとんど自生的に収穫をもたらすと，入植者には肥料を準備し保持しようという意識は生まれない」。また小麦には販路があるが，冬季用飼料の入手が困難なため家畜飼育に目が向かない。こうして地力再生に力を費やすよりも，新たな土地を購入し以前と同様の「地力枯渇農業」を行うことが一般的である。

　「荒野を開墾し新たな土地を枯渇させる農業者階級の〔西方への〕移民」の流れは止まらない。インディアナ，イリノイ，ミシガン，ウィスコンシンがそうであり，そして今現在では金鉱発見に沸くカリフォルニアがこの流れの遠く行き着く先である。彼らにとっては「土地売却機会があるのに〔疲弊した〕土地の改良に金を投ずることは，〔売却によって〕再び土地から得られるものを実際には地に埋めるのと同じことである」（I,pp.54,84,163,267,II,pp.39-40）。

　地力枯渇農業の進行は以下のように描かれる。

　　「ポーランド，ロシアでは，耕地が生産的でなくなるとその土地は放棄されて自然に返され，〔代わりに〕毎年新たな土地が開墾される。こうして多少とも一定量の食料が年々収穫供給されて住民の必要を充たすだけでなく，需要があれば，外国市場に大量の年間余剰の供給もできる。

　　だが北アメリカでは事情はまったく異なる。人口は自然増だけではなくて，ヨーロッパの様々な国からの移民の殺到によっても急激に増加している。大きく増えた人口は現地の生産物で養われる。労働は相対的に高価であり，古い土地が消耗するのと同時に新たな土地が開墾されて耕作されるわけにはいかない。新しい土地はどこでも利用できるとしても，入植が進んだ地域ではすでに小農場に分割

---

[56]　マルクスも言うように，「即時利用可能性は天然の沃地よりも天然の瘦地のほうが大きいということもありうる。そしてこの種の土地こそは，植民地住民がまず手をつけるであろう土地であり，また資本が乏しい場合にはまず手をつけなければならない土地である」。『資本論』大月書店版，第5分冊，866ページ。

されており，普通はそうはいかない。さらにアングロサクソンの血筋を誇る人々の大多数は全体として精力的であり，その社会的慣行は競争して万事を前に進めようと促している——そして広大な大陸は目も眩むばかりの多くの希望と利益の源を彼らに提供している。こうして彼らは働く。できるだけ多くをなし，土地からできるだけ多くを，そしてできるだけ短い間に取り出すように土壌を耕作する。おそらくは，彼らの今現在の居住地が彼ら自身や子供たちの将来の生家になると考えたり望んだりすることはない。むしろ利益や便宜に誘われて，やがては幸せな故郷を求めて遠く離れた西方に彼らすべてを向かわせるかもしれない。

　したがって，こうした農業ならびに農業人口の状態が土壌にもたらす結果というものは，多少とも完全な枯渇状態を徐々に生みだすということである。土壌の性質や自然的肥沃性がどうであれ，これが最終的に避けられない結果である。きわめて豊かな土地ではこうした結果は非常にゆっくりともたらされる——きわめて緩慢であるから，50年また100年施肥なしに穀物を産出する土地の所有者は，この土地がいつも通りの収穫をついには与えなくなるという可能性をほとんど信じられないであろう。しかしながら昔からの経験と現代の科学が教えるのは，収穫によって取り出されたものを補填する肥料物質の追加がなければ，不断に作付けがなされると，最も豊かな土壌でも最終的には相対的な不毛状態に達するにちがいない，ということである」(I, pp.357-58)[57]。

北アメリカの小麦輸出地域が，セント・ローレンス川下流域，次いでニューヨーク州西部，そしてカナダの西方，さらにはエリー湖周辺と内陸・西方へ移動してきた事実が，「地力枯渇農業」の進行を物語る。し

---

57) ニューイングランドにおける植民地時代の農業展開が生態系に及ぼした影響を検討した研究はこう指摘する。森林破壊，家畜の草はみ，鋤込み，土壌浸食，地表流水の変化をもたらしたこの時期の農業の在り方が土壌疲弊を生み，また単一栽培作物（小麦）への集中が，害虫の大量発生と旧世界からもたらされたクロサビ病の蔓延とを生み，古い定住地での小麦栽培を消滅させた。「経済的変容は生態的変容と並行して現れた」。ウィリアム・クロノン『変貌する大地』（佐野敏行・藤田真理子訳）勁草書房，1995年（原著1983年），第5・6章，239ページ。

かも地力が低下し始めると作物は弱まり，害虫や伝染病の攻撃にさらされ病気に侵される。こうなると人々の食料にも影響がでる。小麦生産が減退しそれ以外の穀類生産が増加する。ロワー・カナダでは 1831 年には小麦生産量は 340 万ブッシェルと，ジャガイモを除いて最大生産品目であったが，44 年には 94 万ブッシェルと激減した。小麦は輸入され，代わってオート麦生産が 310 万から 720 万ブッシェルと増加し最大品目になった。また大麦，そばも生産が急増した。農業経営は悪化し，住民の多くが食用として小麦の購入ができなくなり，ジャガイモ，オート麦，さらには豆類やそば消費に切り替わった。元々オート麦を好まなかったフランス系移民も，現在ではオート麦を大量に消費している（I,pp.361-64）。

　「地力枯渇農業」の行き着く先をヴァージニア州に見ることができる。特に東部ヴァージニアでは人口増加も生産増加も緩慢となり，無知とモラルの退廃が生まれている。そこでは奴隷労働を用いて煙草や綿花栽培を行っているが，それらの生産による収益よりも，奴隷の出生と養育，そして南部諸州へ奴隷の売却による収益のほうが現在では大きい。ある農業者は，ヴァージニアは今や奴隷の使用者ではなくて奴隷の飼育者というほうが相応しい，と述べた。まさしく「奴隷飼育農業 slave-rearing husbandry」である（II,pp.354-56）。

　疲弊した土地では地力再生農業に必要な資力は生まれず，結果的に脆弱な経営に適した作付けが行われる。農耕器具もきわめて貧弱である。一言でいえば「きわめて原始的な〔農業経営〕状態」の中で作付される穀物も変化している。播種量が相対的に少なく，生育が早くて一定の収量があり，かつ栄養面では乏しくない穀類の栽培が増している。特にそばがそれである。そばは他の穀類が育たない瘦地でも生育する。「ジャガイモと同様そばは，きわめて怠惰で枯渇的な耕作をもたらす」。そばが農民の主食になれば，それは「災いの前兆」である。小麦・ライ麦に比べてそばは調理後の保存が効かず，頻繁な調理の必要は手間と燃料用木材伐採を求める。それらは労働集約的な地力再生農業の実施を妨げる（I,pp.79-81,267,356.cf. II,p.127）。

　こうして「全体として，以前の名高い小麦生産地域は徐々に〔地力の〕枯渇状態に近づきつつある」。以前にはカナダの穀倉と言われたセ

ント・ローレンス川流域も今では小麦輸出は止まっている。また合衆国東方の小麦生産地域は，現在の農業システムでは，「安価な小麦生産が可能な西方の新開地」と競争できない。ニューヨーク州西部の農業者もさらに西方の農業者との競争にさらされており，その競争の厳しさはイギリス農業者が被っている競争に比して距離が近い分いっそう激しい（I,pp.172-73）。こうした状況の中で，北東部アメリカの農業者が所有する資本は乏しい。一定の資本を蓄えても農業改良に投資せずに，高利回りの抵当権投資か利益が見込まれる農業以外の職業に移ってしまう（I,pp.207,311）。

　ニューヨーク州の人口は約300万人，小麦生産量は年1,500万ブッシェルで，1人当たりの年間小麦消費可能量は5ブッシェルにすぎない。イギリスでは1クォータ（8ブッシェル）が年間消費量である。大量のトウモロコシ消費が少ない小麦消費を補っている。全体として合衆国を南また西に行くにつれてトウモロコシ消費は増大し，小麦消費は減少する。

　したがって「英国農業者は，大西洋とセント・ローレンス川（東はニュー・ファンドランドと西はオンタリオ湖の先端）の間に位置する北アメリカ地域の小麦生産者との競争を恐れる必要はほとんどない」。これらの地域の土壌疲弊が最も少ないところでも，以前より小麦の生産コストは上がっている。彼らもオハイオ，ミシガンといった北西新規諸州との競争にさらされている。1838年にはニューヨーク州の小麦がバッファローから西部諸州に移出されていたが，現在では小麦の流れは逆である[58]。

　この結果ニューヨーク州西部の小麦地域は，今では牧畜・酪農・果樹農業に力点が移動している。エリー湖東部ならびにセント・ローレンス川南部地域の小麦生産能力が今後増加しないわけではないが，人口増加は小麦消費を増大させるし，それを充たすための「より入念でより人手のかかる〔集約的〕耕作様式」の導入は生産コストを高める。し

58）マルクスはジョンストンの記述を引いて，全体として痩せた土地のミシガン州が西部の最初の穀物輸出州になった理由をこう述べた。すなわち，ニューヨークへの近接と良好な水利交通網が，「さしあたりはこの州に，天然の豊度はより高いがはるかに西方に位置する諸州に比べて，優越的な地位を与えた」，と。『資本論』大月書店版，第5分冊，863ページ。

たがって地力枯渇農業に代わって入念で良好な農業がこの地域に導入されても，平年作の場合には，イギリス農業者は国内小麦市場においてこの地域からの小麦との競争を恐れる必要はない（I,pp.210-11,222-23, II,pp.331-33,335-36）。

エーカー当たり小麦の平均収量は，大ブリテンが24，アイルランド21ブッシェルに対して，ニュー・ブランズウィック18，ニューヨーク14，オハイオ15 1/4，カナダ西部13，ミシガン10 1/5ブッシェルにすぎない。そしてニュー・ブランズウィックでは小麦1クォータは英貨で48シリング6ペンスに対してカナダ西部では22シリング5ペンス，オハイオでは24シリング8ペンスなのである。この低い価格では，北西部新規諸州において高い収穫量をもたらす集約的農業経営を実施することはできない（II,pp.193,196）。

北西部新規諸州の大きな輸出余剰は，住民のほぼすべてが農業従事者であり，輸送費用を賄って市場が保証される穀類が小麦しかなく，しかも住民の1人当たり小麦消費量が少ないことに起因する。さらに例えばミシガン州の土壌は特に肥沃でもない。湿潤な気候のなかで，絶えず寒冷で湿気の多い広大な地表はこの州全体の小麦生産力を制約している。小麦生産力は一定程度までは増加するかもしれないが，徐々に減退する（I,pp.226-27）。

総じて北アメリカの人口増加が，とりわけアメリカ東部旧13州植民地の人口が現状のまま急増を続ければ，そして大量の鉱業・工業人口が生まれれば，「ヨーロッパへの小麦輸出能力はさらにいっそう急激に低下するであろう」。「小麦輸出能力の低下は，穀類が容易に収穫可能な新開地を有する新規の西部諸州への急速な入植によって，しばらくは遅らせられるかもしれない。しかし西方への歩みはその度に，より西方のカリフォルニアには近くなるが，大西洋沿岸への生産物輸送コストを増す」（I,p.364）[59]。

---

59) 1848年から始まったカリフォルニアのゴールド・ラッシュを意識して，続いてこう書かれる。「カリフォルニアはこの数年で，西部諸州が送り出し可能な穀物や家畜すべてに対する十分な市場になると予言されている」。

マルクスも整理したように，「相対的に肥沃度の低い耕地でも，これから新たに耕されるものでこれまで一度も耕されたことがない土地は，その気候状態がまったく不利なものでない限り，少なくとも表土には多量の溶解しやすい植物栄養素が堆積しているので，肥料を施

「英国市場に，したがって英国農業者の予想される利害に関しては，大西洋のわが同胞は——特別な豊年を除いて——毎年，英国諸港に大量の小麦を送ることがますます困難になるだろう。そして彼らの新たな土地からその未利用の清新さが拭い去られれば，彼らの現在の知識とやり方では，大ブリテンとアイルランドのきわめて熟達した農業者ほど安価に英国市場に小麦を送ることはできないであろう」。

例えばエディンバラ近郊ロージアンの農業者は，毎年収穫後にエーカー当たり10トンもの熟成した肥料を施しているが，アメリカ農業者は収穫後の土地になにも施さない。「土地が疲弊すれば，収穫を維持するためには入念な一層費用のかさむ農業システムが導入されねばならない。そしてこの入念な農業システムにおいては，英国農業者は勝利を収める，と信じる」(I, pp.364-65. cf. II, pp.76-77. 強調は原文)。「入念な農業システム」の実施は労働投入の増加を前提とするが，アメリカでの高賃金はこの実施を困難にする，とジョンストンは言うのである。

以上のジョンストンの『旅行記』では，カナダ北東部ならびに合衆国旧13州植民地を中心に，そこでの地力枯渇農業の実態に基づいて小麦輸出能力の減退が結論された。後に検討するケアードと比べれば，主たる検討の範囲が東部に限られていることに留意したい。

ジョンストンと同じくリービヒも，『現代農業書簡』(1859年)の第10書簡で，アメリカの略奪農業のもたらした土壌枯渇について，こう警告していた。多年にわたる耕起と播種だけで小麦と煙草の豊かな収穫を享受してきた東部諸州（ニューヨーク，ペンシルヴァニア，ヴァージニア，メリーランドなど）ほど，「略奪農業の悲惨な結果」が激烈に表れている所が他にはない。これらの州では，わずか2世代の間に，「もともとは実り豊かな土地が砂漠化し，多くの地域では絶対的な枯渇状態になってしまった」。さらに，コネチカット，マサチューセッツ，ロード・

さないでも，しかもまったく表面を耕すだけでも，かなり長期間にわたって収穫をもたらす。……この種の比較的肥沃度の低い地域で余剰が出てくるのは，土地の高い肥沃度によるのではなく，つまり1エーカー当たりの収量によるのではなく，浅く耕作できるエーカー数が多いということによるのである」。『資本論』大月書店版，第5分冊，864-65ページ。

アイランド，ニューハンプシャ，メイン，ヴェルモントといった北部，さらにはテネシー，ケンタッキー，ジョージア，アラバマの南部でも小麦収穫量は 1840-50 年の間に半減している，と。

　さらにリービヒは第 11 書簡では，ケアリーの著作 (H.C. Carey, *Letters to the President on Foreign and Domestic Policy of Union*, Philadelphia, 1858, p.54) を引いて，合衆国では，穀物生産地と市場とが遠く離れているために，土壌から取り出された栄養分が土地に還元されず，「土壌の略奪」が進行し，土壌はほとんど至る所で枯渇しており，その結果「貧困が将来世代に引き継がれる」，と警告している[60]。特に，煙草や綿栽培は土壌栄養分の収奪が大きく，南部やニューイングランドの地力劣化は覆うべくもなかった。南北戦争前には，南部は穀物・野菜・家畜の純輸入地域になっていた[61]。

---

　60) Liebig, *Letters on Modern Agriculture*, pp.179-81,220-21. 1850 年センサスによれば，ニューヨーク州は全米第 3 位の小麦生産州で 1,312 万ブッシェルを生産したが，60 年センサスでは生産量は 868 万ブッシェルに減退する。*Agriculture of the United States in 1860, complied from the Original Returns of the Eighth Census,* 1864, Washington, p.xxix.

　61) D. モントゴメリー『土の文明史』片岡夏実訳，築地書館，2010 年（原著 2007 年），169 ページ。もちろんアメリカ農業も略奪農業のみで，そして西部開拓のみで，19 世紀後半の穀物生産，また綿花生産を維持したわけではない。リービヒが指摘したアメリカでの農業生産性の低下は，肥料の必要性を増加させた。R. ラッセル『北アメリカ，その農業と気候』(Robert Russell, *North America its Agriculture and Climate,* Edinburgh, 1857) は，こう記している。メリーランド州では，「小麦生産で消耗した多くの土地にグアノが施用され，きわめて満足すべき結果を生んでいる」，またサウスカロライナ州ではグアノは綿花生産に広範に施用されているが，豊かな土地よりも貧しい土地で高く評価されている，と (pp.133,165)。1847 年にはグアノ輸入関税が廃止され，特にペルー産グアノの輸入は 1852 年の 3 万トンから 54 年の 18 万トンに急増した。こうして 1850 年代に「グアノ・ラッシュ」というべき事態が生まれ，英・米を中心に太平洋の島々をはじめとしてグアノ探索と埋蔵地領有をめぐる争いが起きている。1850 年に新大統領フィルモア (Millard Filmore) は「ペルー産グアノは合衆国農業利害にとってきわめて必要性の高い財になった。グアノが妥当な価格で輸入されるために，その有するあらゆる手段を講じることが合衆国政府の義務である」と述べた。1856 年には the Guano Island Act が制定され，外国政府支配下にないグアノ埋蔵諸島の領有を合衆国市民に保証し，そのために必要な武力行使を行うことが明記された。太平洋，カリブ海地域への合衆国の領土拡張が始まった。同時にこの法律は，埋蔵グアノの枯渇後はそれら諸島の領有の義務はないとした。20 世紀初頭までに 66 の小島が領有化された。Jimmy M. Skaggs, *The Great Guano Rush: Entrepreneurs and American Overseas Expansion,* Macmillan, 1994, pp.14,36,56,199; Kinsley, *Guano and British Victorians,* p.6.

(2) ジェイムズ・ケアード (James Caird)

　ジョンストン，リービヒと対照的に北アメリカの広大な肥沃地の存在と交通網の急速な充実とを強調して，小麦輸出能力減退の懸念を封殺したのがケアードであった。小麦輸出国側から見れば，ジョンストンの悲観論に対してケアードは楽観論を唱えたことになる。ケアードは『アメリカプレーリー農業』(1859年。本書からの参照個所は本文中に記す)[62]で，ジョンストンが主に視察した地域からさらに西方のプレーリー地域であるイリノイ州を中心に，その周辺のミシガン，ウィスコンシン，ミネソタ，ミズーリ州を視察し，その農業状態をイギリス農業者に知らしめた。これらの州は，この時点では合衆国を構成する最西部の州である。1860年センサスによれば，34の州・7の準州の中で最大の小麦生産量を誇ったのがイリノイであり，合衆国全体の小麦生産量1億7,300万ブッシェルの約14％，2,384万ブッシェルを生産した[63]。

　ケアード自身が提唱したハイ・ファーミングに基づくイギリスでの農業改良の努力にもかかわらず，穀物法廃止後イギリスの小麦輸入量は増加した。イギリスの1840年代の年平均小麦輸入量は260万クォータであったが，50年代には490万，60年代には850万クォータと増加し，1873年には輸入小麦量が国産小麦量を上回る。さらに70年代には1,260万，80年代には1,800万クォータと輸入増加は止まらない。これとともにイギリスの小麦輸入地域は，マルサスの言葉を使えば「封建制度の残存」を伴った旧輸入源であるバルト海沿岸ヨーロッパから，ケアードの言う「地上最大の肥沃地域を擁する」新輸入源であるアメリカ大陸に移行しつつあった。

　ケアードの『アメリカプレーリー農業』の2年前にエディンバラで出版されたロバート・ラッセル『北アメリカ，その農業と気候』(1857年。注61で言及済み)が強調したように，肥料施用が少ないためにエーカー当たりの小麦収量はイギリスよりも低いが，それは高価な労働を肥料収集・施用に費やすよりも，肥料を施したイギリスに比して土地の肥沃度は劣るが，広い土地の粗放的利用の方が収益も高いうえに，結果として

---

[62] Caird, *Prairie Farming in America with Notes by the Way on Canada and the United States,* London, 1859.

[63] *Agriculture of the United States in 1860,* pp.xxix, 35.

大きい小麦生産量が得られるからである。さらに小麦成長期の高温多湿のゆえに，北米では比較的貧しい土地での小麦栽培が可能である。

　オハイオ州についてラッセルはこう記していた。そこでは数年間土地は牧草地として使用され，その後小麦とトウモロコシが何年も交互に，しかも施肥なしで栽培される。「良好な牧草を生育させるすべての土地の肥沃性は持続する。なぜなら一時的に土地が疲弊しても，牧畜によって肥沃性は容易に更新回復されるからである」。ラッセルは，イリノイではトウモロコシとオート麦は刈入されないで，そのまま畑で豚や牛が消費する場合もあると述べた[64]。

　アメリカでの小麦輸出の拡大は，既耕地の地力低下を新たな耕地開拓と生産された小麦の安価な輸送を可能にした交通網の整備とが補うことで実現された。1862年にはホームステッド法が制定され，1869年には大陸横断鉄道が開通する。西部開拓と領土拡大が進行する。合衆国の小麦輸出量は，1891・92年に過去最大の2,729万クォータを記録する。国内生産量に占める輸出量は37％に達した[65]。

　ケアードは1858年に，シカゴを河口とするミシシッピ川上部の穀物地帯を訪れ，ヨーロッパでの不作とクリミア戦争（1853-56年）によるロシアからの小麦輸入途絶とに起因する近年の小麦価格上昇が，合衆国の小麦生産を促した現実を視察した。1853・54年にアメリカのヨーロッパ向け小麦輸出量は2倍に増加した。シカゴから輸出された穀物量はクリミア戦争の期間に3倍以上に増加した。当時シカゴは，ニューヨークをはじめ大市場である東部への穀物，農産物輸送の中心地としてその地位を急速に高め，さらには巨大な資源を有する西部への入り口としてその発展が見込まれた都市であった。W. クロノンの研究が言うように，「シカゴは東部と西部という異なった世界を一つのシステムに束ねる環になった」[66]。それを可能にしたのが，運河の開設（1825年エリー運河，1848年イリノイ・ミシガン運河）と急速に拡大した鉄道網（1852年イリノ

　　64）　Russell, *North America*, pp.33,46,57,70,81,88,117,124.

　　65）　R.F. Crawford, An Inquiry into the Wheat Prices and Wheat Supply, *Journal of the Royal Statistical Society*, vol.58, no.1, 1895, pp.77,102, 103.

　　66）　William Cronon, *Nature's Metropolis, Chicago and Great West*, Norton & Company,1991, pp.91,115.

イ・セントラル鉄道）であった。

　1850年代はアメリカで最も急速な鉄道網整備が行われた10年であり，イリノイ州だけで2,500マイル（4,000キロ以上）の鉄道が敷設された。1856年には13の鉄道がシカゴに乗り入れていた。鉄道敷設に必要な資金はニューヨークをはじめニューイングランド，そしてイギリスからもたらされた。1858年にはイリノイ・セントラル鉄道株主の2/3はイングランド在住であったという。鉄道は輸送時間の短縮と正確さを生みだした。水路や運河が冬季の輸送上の障害を抱えたのに対し，鉄道はそうした制約から逃れていた。

　従来はシカゴに搬入される小麦は河川を経由していたが，1860年にはほぼすべてが鉄道に頼ることになった。小麦の集積地はセントルイスからシカゴへ移った。1857年にはシカゴは12の穀物エレベーターを有した。その数は1870年には17に増え，シカゴに搬入・搬出される年間5,000万ブッシェルの穀物処理能力をもった。それらエレベーターはすべて鉄道と連結された。1840年の（旧）北西部（アイオワ，イリノイ，オハイオ，ミシガン，ウィスコンシン，インディアナ）の小麦生産量は全米の31％，移出量は27％であったが，1860年にはそれぞれ46％，70％と増加した[67]。

　ケアードは，旧国イギリスでは穀物生産に大量の肥料投入が，したがって家畜飼料作物の栽培と外部肥料の投入が不可欠なのに対して，十分な肥料なしで多年にわたる穀物生産が可能な，合衆国プレーリー地帯の豊かな地力を「地上最大の肥沃な穀物地域」と表現し，以下のように記した。

　「その東岸にはイリノイ，ウィスコンシンを，西岸にはミズーリ，

---

[67] James Belich, *Replenishing the Earth: The Settler Revolution and the Rise of Anglo-World, 1783-1939*, Oxford University Press, 2009, pp. 247,340. シカゴからニューヨークへの穀物輸送に要する時間は，帆船で14-20日，蒸気船で10.5日，鉄道で5.5日であった。船舶輸送コストは鉄道輸送コストより低かったから，南北戦争前はシカゴからニューヨークへの穀物輸送の90％以上がミシガン湖経由であった。ただし旅客輸送については，鉄道の利便は圧倒的であった。ミシガン・サウス線が開通する前の1852年にはニューヨークからシカゴへの旅客輸送には2週間を要したが，それがわずか2日に短縮された。Cronon, *Nature's Metropolis*, pp.68,74,76,82,87-88,109-12,135,140.

アイオワ，そしてミネソタから成る，カイロ上部のミシシッピ川流域はおそらく地上最大の肥沃地帯を擁する」。その面積は，イングランド，フランスそしてシチリアを加えたよりも広大である。「しかもこの巨大な地域は，モントリオール，ニューヨーク，そしてフィラデルフィアを直接に結ぶ多数の鉄道路線が交差するのみならず，北部は幾つもの湖とセント・ローレンス川によって，南部はミシシッピ川によって，大西洋への途切れることのない水路交通を有する」。

積出港シカゴはロンドンにもまして鉄道の要衝であり，1837年には小麦輸出はわずかであったが，47年には28万クォータ，57年には225万クォータを超えている。現在ではイリノイ州のこの肥沃地帯の1/10しか耕作されていない，今後小麦輸出量は10倍に増加することも可能である（pp.31-32）。さらにニューオリンズに結ぶ鉄道が完成すれば，南部イリノイの小麦はキューバへの輸出も可能になる（p.66）。イリノイ州南部の灰色小麦土壌は珪土質で冬小麦の栽培に適している。しかも冬季の気候は穏やかで牧草の生育が良く，大量の飼料の助けがなくても家畜は年中生育できるから牧畜にも適している（pp.37-38）。

ケアードは，イギリスの若い借地農が「耕作が容易で，除去すべき森林もなく並外れた自然的肥沃度を有する新開地」へ移住して「肥沃な土地の所有者」となり，周密な英国人口の穀物需要を充たすべき時が今や来ていると記し，今後のイギリスからの移民を促した（pp.3-4）[68]。

ケアードは，プレーリー土壌の肥沃性についてこう記している。それは「明らかに大きな自然的肥沃性を有する土壌であり，何千年もの間毎年牧草を育み，その灰や腐植物が絶えず土壌の本源的な肥沃度を高めている」，「そうした土壌の肥沃性は不可減だと宣言されても不思議ではない」。英国王立農業協会顧問化学者ヴェルカー（Augustus Voelcker）の分析によると，プレーリーの土壌は英国で最も肥沃な土壌のほぼ2倍

---

68) ケアードはイリノイ・セントラル鉄道会社に出資しており，イリノイ入植の利点を強調する彼の『アメリカプレーリー農業』は多数販売されて，同社の宣伝に資したという。G.B. Magee and A.S. Thompson, *Empire and Globalisation: Networks of People, Goods and Capital in the British World, c.1850-1914,* Cambridge University Press, 2010, p.92.

量の窒素を含み，その地層窒素含有量からして100回分以上の小麦収穫を可能にするアンモニアが堆積している。なお，相対的には石灰が不足しているのでその強化が必要であるが（pp.76-78）。

　ただしケアードは，19世紀末にかけて進むことになるイリノイ以西への開拓に関しては，土地価格は安価だが輸送コストが高いという理由で，アイオワ，ミネソタ州への入植をこの時点では勧めていないことに留意しておきたい[69]。

　さらに加えてケアードは，西経95度以西の地域は東部では見られないほどの乾燥気候であり——また98度になると気候が突然に東部とは正反対になる——，その生活環境は人口維持に適さず，また穀物や牧草の生育に不適なばかりか，バッタの大量発生が頻発し穀物の収穫に深刻な打撃を与えることを指摘する。まさにミネソタ，アイオワがそうであり，この両州の西側は「乾燥圏の影響」にさらされている（pp.90,111）。

　ケアードが言うように，ミネソタ，アイオワからさらに西の，ミシシッピ川からロッキー山脈に広がる大平原地帯（the Great Plains）は，西部開拓以前の1850年代には「アメリカ大砂漠 the Great American Desert」と呼ばれたが，20世紀になって合衆国の小麦ベルトを形成する。この意味で，アメリカの小麦生産は1850年代のジョンストンの悲観論，ケアードの楽観論を共に乗り越えることになった。

5　小麦生産の拡大——西部へ

　ミシシッピ川以西の土地獲得を一挙に拡大したホームステッド法は1862年に制定された。ケアードの予想をも超えて，南北戦争終了（1865年）後から合衆国での小麦生産量と輸出量は大きく増加した。この間小麦の面積当たり収量はほとんど増えていない。生産増は収穫面積増によってもたらされた。大陸横断鉄道の完成は，西部への入植者を増加さ

　69）　1869年においても，西部では1ブッシェル50セントの小麦がニューヨークでは1ドル25セントで販売され，ミネソタの1,600万ブッシェルの余剰小麦の現地販売額800万ドルに対して輸送コストが1,200万ドルであったという。Fred A. Shannon, *The Farmer's Last Frontier: Agriculture, 1860-1897*, Rinehart & Co., 1945, pp.175-76.

せるとともに生産地帯が西に延びた小麦の輸送を可能にした。1880年には合衆国からイギリスへの小麦輸出量は過去最高の845万クォータを記録する。10年前の3倍である。農業史家コリンズが記したように，「穀物輸出国の土壌枯渇もしくは人口増加のために，海外の供給源は減退するという〔輸入国農業者の〕希望は充たされなかった」[70]。

小麦輸入源としての，ポーランドを中心とする大陸ヨーロッパに代わるアメリカ合衆国の重要性は，南北戦争によってイギリス綿工業に不可欠な綿花供給が激減するという危機のさなか，イギリス下院で南軍・北軍への対応をめぐる討論（1863年6月30日）のなかで，モンタギュ卿（Lord Robert Montague）の演説が明かにしたところであった。1861-63年のイギリスの小麦輸入に占める合衆国の割合は40％を超えていた。彼はこう述べた。

　「われわれは大量の穀類を輸入しており，その二大供給源はポーランドとアメリカ北西部諸州である。われわれはポーランドの現在の状況の下で，大量の穀物をそこから手に入れられそうなのか？ 否である。したがってわれわれは北アメリカからの供給に主に頼らなければならない。だが戦争がアメリカからの供給にどのように影響するだろうか？〔綿花供給確保のために南軍を支持した結果〕アメリカとの戦争でイギリスの苦境は加重されないだろうか？ われわれは，ヨーロッパ北部からは200万クォータの穀物〔＝穀物全体〕しか受け取っていないが，アメリカ北部諸州からは550万クォータを輸入している。1861年のイギリスの総穀物輸入量は16,094,914クォータであるが，このうち1/3以上が北西部諸州——すなわち，イリノイ，ミシガン，インディアナ，そしてウィスコンシン——からのものである……」[71]。

　70）　E.J.T. Collins ed., *The Agrarian History of England and Wales, Vol.7, 1850-1914, Part 1*, Cambridge University Press, 2000, p.66. 1873年には西部での鉄道路線距離33,772マイルは全米路線の48％を占めるに至った。しかもそのうち22,885マイルは1865-73年の間に敷設された。Walter P. Webb, *The Great Plains*, Boston, 1931, pp.277-78.

　71）　*British Parliamentary Debates*, HC, 30 June 1863, vol. 171, c.1795; L.B. Schmidt and E.D. Ross ed., *Readings in the Economic History of American Agriculture*, 1925（rep. in 1966）, New York and London, p.319.

イギリスとのつながりを期待した南部の望みは充たされなかった。ニューヨークを経由して英国の資金と人は北西部にますます多く流れた[72]。南北戦争後合衆国からの小麦輸入は 1870 年 289 万クォータ，1880 年 845 万クォータと急増する。

　南北戦争の直前，第 8 回合衆国センサス（1860 年）は，アメリカ農業の重要な特質として土地が豊富・安価で労働が希少・高価な点をあげ，以下のように述べていた。すなわち，イギリスをはじめ旧国での集約的農業は，現在の合衆国では利益を生まない。合衆国農業がイギリス農業に比べて半世紀遅れているという批判はある意味正しいが，「現在われわれは，英国の最も科学的な農業者が最良と認められた耕作方法で生産するよりも――しかも彼らが土地の利用になにも支払わないとしてもなお――小麦 1 ブッシェルをはるかに安く生産できるし，現在生産している」。イギリスでの「ハイ・ファーミングは高価格を伴う」が，労働が高価で面積当たりの収量が少ないアメリカでは，イギリスで利益を生む耕作・施肥システムは適していない。「肥料を施用するかどうかは収支の問題にすぎない」，と。

　さらにセンサスは，「無肥料で収穫を行うというやり方は土地を貧しくする」という批判――先に見たジョンストンがその例である――に対して以下のように反論した。すなわち，アメリカ入植者は「土壌の上澄み〔＝肥沃性〕」という報酬で現在の文明生活を享受するに至ったのであり，これはすべて「土壌から掘り出された富の結果」である。イギリスの農業誌は，アメリカの穀物輸出能力は今後減退すると述べ，「合衆国の耕作様式が変化しないと……〔輸出どころか〕数年後には大量の小麦輸入が必要になる」とさえ書いた。その理由として，「現在行われている地力を取り去り枯渇させる農耕システム」，すなわち「土壌に返す以上のものを取り出す」農業様式が批判的に取り上げられた。

　だが英国農業の権威ローズ（John Bennett Lawes）が実験農場での「枯渇した土壌」について報告するように，多年にわたって施肥なしで四輪作を行った場合でも，施肥した場合よりも少ないがエーカー当たり 15 ブッシェルの小麦が毎年収穫できる。この場合の「枯渇」とは「農

　　72）　Belich, *Replenishing the Earth*, p.244.

業によって枯渇した状態（a state of agricultural exhaustion）」を言うのであって，「土地自体は枯渇しない」。ローズが言おうとしているのは「〔実験開始〕以前に施された肥料が枯渇した」ということである。この意味でならば，合衆国農業者は急速に自らの土壌を枯渇しつつある。だが彼らは，「自然によって十分に施肥されている」部分を利用しているにすぎず，自らが開墾した畑に「自然がまき広げた肥料を枯渇させているにすぎない」。だが「自然の肥料」が衰え始めたときには，イギリスで行われているように，われわれは自然に代わって土地に施肥すべく農業システムを変えなければならない。この意味で，アメリカ農業は「自然の肥沃性から人工的なそれへの移行」の過渡期にある，と[73]。

　アメリカからのイギリスへの小麦輸出元の比重は，東部から西部に移行した。上のイギリス議会でのモンタギュの演説は，イリノイ，ミシガン，インディアナ，ウィスコンシンといった北西部諸州を主要小麦供給州としてあげていたが，19世紀末にかけてさらに西部大平原諸州に取って代わられる。60年センサスは，アメリカ農業は「自然の肥沃性から人工的なそれへの移行」期にあると書いたが，西部開拓が進む限りにおいては，なお「自然の肥沃性」への依拠がなくなることはなかった。

　エンゲルス（Friedrich Engels）は「アメリカの食料と土地問題」（1881年）で，西部プレーリー地帯の小麦価格がヨーロッパのそれを規制している現実と，そこでの豊かな地質をこう記した。「それは素晴らしい土地であり，平坦で，またわずかしか起伏がなく，激しい隆起に妨げられることのない，第三紀海底にゆっくりと堆積された時そのままの状態にある土地である。石塊も岩石も樹木もなく，準備のための労働なしに即座に耕作が可能な土地である。開墾も干拓も必要ない。犂を入れれば播種可能になり，無肥料で小麦収穫を20回から30回連続してもたらすであろう。それは最大規模の農業に適した土壌であり，事実最大規模に経営されている」。さらにエンゲルスは西部プレーリー地帯の広大さをこう表現した。すなわち，現在の「地力略奪〔農業〕制度」は永遠に続きうるものではない。「だが地力の略奪されていない土地は，今後，も

　73）　Introduction, *Agriculture of the United States in 1860; complied from the Original Returns of the Eighth Census,* Washington, 1864, pp. viii -x. 強調は原文。

う100年もこの過程を続けさせるほど大量にある」、と[74]。

　同じくケインズ（John Maynard Keynes）は後に『平和の経済的帰結』（1919年）で、合衆国からの小麦輸出の増大がイギリスを含めヨーロッパに与えた影響をこう総括することになる。すなわち、1870年以前にはヨーロッパという小大陸は全体としてみれば「ほぼ自給自足であった」が、1870年以降アメリカからの供給によって「食料に対する人口圧力は……有史上初めて決定的に逆転することになった。人口増につれて、食料確保が実際にいっそう容易になった」、と[75]。

(1) ロバート・ポーター（Robert P. Porter）

　エンゲルスが西部プレーリーの肥沃性を強調したのと同時期に、1880年センサスに依拠して19世紀の西部地域における農業ならびに商業・製造業生産の発展を記した著作、ロバート・ポーター『西部：1880年センサスから』（1882年）[76]が出版された。ポーターは後に（1889-93年）、合衆国センサス局局長を務める。この著作は西部地域の発展を高く評価するものであるが、同時にそれに伴う問題点、特に水利問題を指摘しており――第4章以降で論ずるように――、それが世紀を超えて21世紀の現在まで顕在化していることを考慮すれば、19世紀末の時点でイギリスへの最大穀物輸出国の現実を表現するものと位置付けられる。

　なおここで言われる「西部」とは、1880年センサスの北中部区分にしたがって、西はロッキー山脈、東はアレゲーニ山脈、そして南はオハイオ川に囲まれた諸州、特にオハイオ、インディアナ、イリノイ、ミシガン、アイオワ、ウィスコンシン、ミネソタ、ミズーリ、カンザス、ネブラスカを中心とするプレーリー諸州が考察の中心をなす。さらにダコ

---

74) F. エンゲルス「アメリカの食料と土地問題」『マルクス＝エンゲルス全集』第19巻、263-65ページ。この論説は『レイバー・スタンダード』紙（ロンドン、1881年7月2日）社説として掲載された。

75) J.M. Keynes, *The Economic Consequences of The Peace,* 1919, in *The Collected Writings of J.M. Keynes,* Vol.2, Macmillan, 1971, p.5：早坂忠訳、東洋経済新報社、6ページ。

76) Robert P. Porter, *The West: from the Census of 1880, A History of the Industrial, Commercial, Social, and Political Development of the States and Territories of the West from 1800 to 1880,* Chicago and London, 1882. 本書からの参照個所は本文中に記す。

タ，モンタナをはじめ8つの準州を中心とする地域とカリフォルニアまでが考察の範囲に加えられ，広い範囲が「西部」に含まれる。西漸が進む中での「西部」地域の規定であり，時代によってその範囲は異なる[77]。

　20余年前にケアードが英国人の入植を勧めたイリノイ州オハイオ川流域は，『西部』においても最高の評価を与えられた。1879年のイリノイの穀類（トウモロコシ，小麦，ライ麦，オート麦）生産は全米一であり，小麦生産高は10年前より1,150万ブッシェル増加して4,000万ブッシェル（＝500万クォータ）を超えた。さらに1880年にはもう850万ブッシェル増加した。併せて，トウモロコシを飼料とする畜産も急成長している。これまで農業者は「土壌の自然的肥沃性」にもっぱら依存して高産出を得てきたが，今や「科学と技術に依拠した農業」が始まっており，将来は明るい。1880年のイリノイの小麦生産は大量であるが，それでも小麦作付可能地の2/3が未耕であり，「この州の小麦生産能力に届いていない」。タイル排水や肥料使用で，トウモロコシ作付け地を減らさなくとも小麦生産高は今の4倍増が可能である（pp.172-75,178,192-93）。

　『西部』はアメリカの高い小麦生産とそれに占める西部の位置を以下のように記した。すなわち，現時点で，約3,500万クォータ余と推計される世界小麦余剰の半分以上を占めるのが合衆国である。1860年には合衆国の小麦生産の55％をこの西部プレーリーが生産したが，この比率は増加し1870年には68％，そして1880年には71％を生産している。現在では東部，北中部，南部諸州は小麦の自給はできない。南中部がわずかな余剰を持つだけである。オハイオ川流域は収穫のほぼ半分が余剰であるが，さらに西方の地域はその需要のほぼ4倍の余剰をもつ。

　77）　南北戦争の終わった1865年から1890年の時期には，東部の人々にとっては，「西部」とはアイオワ，ミネソタ，カンザス，ネブラスカ，そして両ダコタの諸州を意味した。Shannon, *The Farmer's Last Frontier,* p.47. ポーターの著書より40年後のO.E. Baker, A Graphic Summary of American Agriculture based largely on the Census of 1920 によると，ポーターの規定よりはるかに西の西経100度線が西部と東部を分ける。*Year Book 1921,* US Department of Agriculture,1922, p.413.「西部」の範囲が，歴史的かつ人々の個々の意識において異なるという指摘について，W. Nugent, Where is the American West? Report on a Survey, *Montana The Magazine of Western History,* vol.42, no.3, 1992 を参照。

5 小麦生産の拡大—西部へ

　1849 年には合衆国の小麦生産量は経度 81 度でほぼ二分されたが，西部開拓とともに生産量を二分する境界は西に移動した。1859 年には 85 度に，69 年には 88 度に，79 年は 90 度まで進んだ——90 度は，ポーターが高く評価するイリノイ州のやや西寄りを区切る——。それとともに進んだのが，西部での鉄道敷設距離の増大である。1865 年には 12,900 マイルであったが，1875 年には 33,500 マイル，1880 年には 43,400 マイルと延長された（pp.11,41-42,47）。

　ポーターがこの著作で，「西部」に含めて検討の対象にした準州のなかにダコタ，モンタナがある（後にダコタは州になる際に南北に分かれる）。20 世紀に入り第一次大戦後から第二次大戦にかけて，合衆国の小麦の作付面積・収穫量の両面で過半を占めるのが「小麦ベルト」と称される南北ダコタ，モンタナ，ネブラスカ，カンザス，オクラホマ，テキサス州であった。ポーターの著作ではオクラホマ（この時点では先住民の強制移住地であった），テキサスは南中部に区分されている。ケアードの『アメリカプレーリー農業』から 20 年を経て，「アメリカ入植者の植民地主義」は先住民排除の最終段階を迎えていた[78]。10 年先にはフロンティアの消滅が宣言される。小麦生産地域ははっきりと西方の大平原（グレート・プレインズ）へ向けて移動しつつあった。

　ポーターのこの著書は，全体として西部地域の急速な発展の実情とさらに大きな将来的可能性を描き出している。その最も象徴的な表現をダコタについて見ることができる。すなわち，ダコタの東半分の地域はその良好な地質と湿潤な気候のゆえに小麦生産に好適である。ノーザンパシフィック鉄道がこの地域の入植を可能にし，この 10 年間で小麦生産量は 16 倍以上に増加した。現在すでに「最新の改良機械の助けで，巨大な規模の小麦耕作がなされている。ほぼ 5,000 マイル分もの輸送コストを払って英国市場でも十二分に競争可能なほど安価に生産されている」。ダコタ東部は「近い将来合衆国のパン生産において指導的役割を果たすべき運命にある」（pp.401-02,407）。

---

78)「入植者植民地主義」を本来の植民地主義と区別するのは，入植者は経済的利益のために先住民を搾取しようとしたのではなくて，彼らを植民空間から取り除こうとした点に，すなわち「搾取ではなくて除去の論理」に求められる。W.L. Hixson, *American Settler Colonialism,* Palgrave, 2013, p.4.

ポーターは，上記小麦ベルトのほぼ中心を通る西経100度以西の地域の牧畜以外の農業，特に穀物生産の可能性について検討した専門家集団の見解を引用して，この地域を形成する州・準州の土地の肥沃性を高く評価する。すなわち，この広大な地域の土壌は化学的・組成的にもアメリカ大陸の他の土壌に劣らず良好である（p.357），と。

　ただし併せて，いくつかの重要な問題点も提起されている。それはこの地域の乾燥した気候がもたらす旱魃である。すなわち，専門家の見解でも「実際上の唯一の問題は，水分の供給に関してである。西経100度を越えると，小粒の穀類，トウモロコシ，根菜類，そして果実栽培には降雨量が不足である」と主張されている。現に1879年の夏から秋にかけて厳しい旱魃がカンザス，ネブラスカを襲っていた（pp.358-59）。西経100度以西のダコタ，モンタナを含む準州に関しても「少雨と乾燥した大気のために，農業の成功にはほぼすべてで灌漑が必要である」ことが指摘される。

　ポーターは直前に公刊された，パウエル（J.W. Powell）『合衆国乾燥地帯報告』（1878年）に言及して，大平原の中間線──西経100度──以西から始まる乾燥地域では，年間降雨量が20インチ以下の場合には灌漑に依拠しない農業の実施は賢明でない，というパウエルの指摘を紹介している[79]。そこでは「灌漑は，国のほぼ半分の〔地域の〕生産性がそれに係っているがゆえに，関連する州・準州のみならず，国全体にとって最重要な問題である」（pp.83-84）と記された。

　「気候の変化が必要な救済〔降雨〕を与えなければ，最も肥沃な巨大地域も砂漠のままの運命を免れない」。年間降雨量は4-25インチにすぎず，夜間にかけて気温は大きく下がるが，乾燥した大気のために湿気がほとんどない。「水がなければ土地は家畜飼育業者にしか価値はない。水があればミシシッピ川流域の豊かなプレーリー同様価値あるものになる」。「土地ではなくて水が問題」である。しかも「作物の生育で取り去られた栄養分は灌漑用水によって土壌に十分に戻される」から，灌漑がなされれば肥料はいらないし，土地は疲弊しない（pp.85,88. cf.pp.413-14）。さらに大平原諸州特有の問題として強風の頻発，低温と

　　79）　John Wesley Powell, *Report on the Lands of the Arid Region of the United States,* 2nd ed., 1879(1st ed., 1878), Washington, p.3.

粉雪を伴うブリザードが指摘される。「それらは時に収穫にとって極度に厭わしく有害である」。ダコタの西半分は乾燥地域に属し，一部は砂漠でありパン用穀物生産地域としては卓越できないことも指摘される（pp.353,396,399,400）。

しかもこの著作は，穀類栽培に必要な水供給に関して，ネブラスカ州については，地表から 30-60 フィートを掘れば十分な水が得られるという専門家（Harrison Johnson）の言葉に言及するものの（p.349），地下水の利用可能性の困難を以下のように述べている。「西部の広大な地域は，被圧井戸の無差別な掘り下げによって〔少雨という欠点を〕補えるかもしれないという流行(はやり)の考えがある」。だが多くの費用をかけて実験がなされたが失敗が多く，多額の費用が無駄にされた。「母なる大地の大杯には無限の水を供給する力はない，というのが現実である」。地下水が存在するのは特定の地層条件の所（例えばカリフォルニア南部）に限られ，しかもそれから得られる水量は灌漑農業の必要量にはとても足りない，というのがポーターの理解であった（pp.89-90）。

ポーターの言うネブラスカの地下水脈は，現在，合衆国の小麦・トウモロコシ生産ベルトの重要な水供給源である，大平原を南北に走る地下水帯であるオガララ帯水層（Ogallala Aquifer）の一部を指していると思われる。オガララという名はネブラスカ州にある地名からとられたものであり，1890 年代末にはその存在は知られていたが詳細は明らかでなく，当時の風車ポンプの揚水ではその利用は限定的であった。第 5 章でみるように，オガララ帯水層の本格利用は第二次大戦後に電動揚水ポンプとセンター・ピボット灌漑技術の開発を待たねばならなかった。上のポーターの理解は 1880 年当時の状況を反映していた[80]。

---

80) R. Hornbeck and P. Keskin, The Historically Evolving Impact of Ogallala Aquifer, *Harvard Environmental Economics Program,* Discussion Paper, 2012, p.3. 20 世紀初めには，大平原の地下帯水層の存在は広く知られていたが，ポーターに示されたオガララ帯水層利用に関する消極的理解は，半世紀後も変わりはなかった。1930 年代に，ダスト・ボウルが大平原小麦ベルトにもたらした窮状の中で公刊された『大平原の将来』（Great Plains Committee, *The Future of the Great Plain,* 1936）を回顧した一論説はこう記した。『大平原の将来』は地下水源に関しては地方的限定的意義しか認めなかった，大帯水層の範囲は認識されていたが，大平原農業に大きな利益をもたらすには帯水層は深すぎてコストが過大とみなされた，後年の地下水揚水技術の劇的変化を予想できなかった，と。G.F. White, The Future of the Great Plains re-visited, *Great Plains Quarterly,* 973, 1986, pp.90-93; Donald E. Green, *Land of*

(2) ソースティン・ヴェブレン（Thorstein B. Veblen）

ポーターの著作から10年後，ポーター（そしてケアード）が高く評価したイリノイを中心とする小麦生産地帯をダコタ，ネブラスカ，カンザスを中心とするさらに西方の小麦地帯から区別したうえで，今後の合衆国での小麦生産の行方を論じた著作が現れた。ヴェブレンの二つの論説①「1867年以降の小麦価格」（1892年）と②「食料供給と小麦価格」（1893年）[81]がそれである（参照個所は本文中に記す）。二つの論説は，ヴェブレンがシカゴ大学に職を得て直ちに発表されたものであり，1867年以降の小麦価格・生産量の動向を検討したうえで1890年代のそれらを予測するものであった。

10年前のポーターにおいては，イリノイを中心とする混合農業地域と大平原の小麦地域は「西部」（1880年センサスでは地理上の区分として「北中部」）に一括されていたが，ヴェブレンは両者をA. シカゴと五大湖を中心とするイリノイ，インディアナ，ミシガン，オハイオ，ウィスコンシン，ケンタッキー，テネシー州（主にプレーリー・プレインズと呼ばれる地域）と，B.「西部の新たな諸州」を中心とするダコタ，アイオワ，カンザス，ミネソタ，ミズーリ，ネブラスカ，テキサス州（主にセントラル・グレート・プレインズ，もしくはハイ・プレインズと呼ばれる地域）とを区別したうえで，両地域での小麦生産の変化をこう論じる。それは，A. での減少とB. での増加であり，合衆国での小麦生産地の大平原への移行を明確に示すものであった。

1873年をもって合衆国の小麦価格と小麦生産量の動向は「新たな局面」に入った[82]。1873年以降小麦価格は全体として停滞・低下傾向にあったにもかかわらず，1880年まで小麦作付面積は年率10％もの増加を示した事実が，それを物語る。この期間は合衆国の小麦供給が世界市

---

the Underground Rain: Irrigation on the Texas High Plains. 1910-1970, University of Texas Press, 1973, pp.40,135.

81）Veblen, The Price of Wheat since 1867, *Journal of Political Economy,* vol.1, no.1, 1892; The Food Supply and the Price of Wheat, *ibid.*, vol.1, no.3, 1893.

82）イギリス下院での合衆国産穀物輸入の重要性に関する議論から10年後の1873年に，合衆国はイギリスへの小麦輸出において最大の供給源になり，1904年までその地位を維持する。M.E. Falkus, Russia and the International Wheat Trade, 1861-1914, *Economica,* NS, vol.33, no.132, 1966, p.424.

5 小麦生産の拡大—西部へ

場において「事実上価格の独占的支配」が可能であった時期であり，作付面積が急増した[83]。

その後 80 年からの 90 年までの時期は，諸外国での新たな供給源開発のために世界市場での合衆国の独占的地位は弱まった。作付面積はほとんど増えていない。生産量は天候の影響もあり年々の変動もあるが，全体として作付面積に沿った動きを示している[84]。

ただし，A. シカゴと五大湖を中心とする地域と B.「西部の新たな諸州」とでは 1880 年以降明確な違いが生まれている。すなわち，A. では作付面積・生産量ともに減少傾向にあるのに対し，B. では作付面積は増加し，生産量も増加傾向を示している。しかも B. では 91 年の生産量は急増し過去最大を記録したのに対し，A. では 91 年に生産量は一定回復したものの 1880 年の最高値には及ばない。

「西部〔B.〕において 1881 年以降小麦栽培が拡張しつつある新たな土地は，耕作が最も容易であり，耕作後幾年もの間はアメリカの全土壌の中で最も肥沃な土地である。したがって全般的市場への輸送費を別にすれば，これら新たな土地での小麦生産費は，以前から小麦作が行われていたどんな広い地域〔A.〕よりも低い」。「西

---

[83] こうした現実は，合衆国との競争で不況に苦しむイギリスで明瞭に認識されていた。英国学術協会 F 部門会長就任演説（1879 年 8 月）で，ショウ・ルフェイブル（G. Shaw-Lefevre）は，73-78 の 6 年間にイギリス国内での小麦不作にもかかわらず，価格が上昇せず低下した事実——「1873 年には〔国内小麦生産〕量と価格との関係に顕著な変化が認められる」——を指摘し，その要因としての，合衆国での耕作拡張と小麦輸出の増加をこう表現した。
すなわち，「これほど短い期間に生じた，大地の表面の大きな耕作拡張の動きはかつて経験したことがないものであり，さらに地上ならびに海上の輸送コストの急激で大幅な低下もこれまでなかったことである」，そしてこの生産の急増はすべてミシシッピ以西の諸州で行われた，と。こうした状況では，イギリス国内での小麦作柄の豊凶が小麦価格に与える意義が低下し，「〔合衆国〕極西部のはるかに巨大な生産量がイギリス市場を完全に支配している」，と。Shaw-Lefevre, Address of the President of Section F. "Economic Science and Statistics," of the British Association, *Journal of the Statistical Society of London*, vol. 42, no.4, 1879, pp.773, 777-78.

[84] 小麦収穫面積は 1873 年の 2,487 万エーカーから 1880 年の 3,810 万エーカーに大きく増加した後，1890 年には 3,699 万エーカーに微減する。小麦生産量は 1873 年の 3 億 2,200 万ブッシェルから 1880 年の 5 億 200 万ブッシェルに増加した後，1890 年には 4 億 4,900 万ブッシェルに減少している。合衆国商務省編『アメリカ歴史統計』第 1 巻（斎藤眞・鳥居泰彦監訳，原書房，1986 年）K502-516.

部〔B.〕の新たな小麦地に関しては，平均的な天候の下では，疑いもなく小麦栽培で利益が得られる。むしろ，これらの土地に現在入植した農業者にとっては，そして現在の状況では，小麦は収益をあげて栽培できるほとんど唯一の作物である」（① pp.77,82,94-95,97,99,103,chart II,III,IV）。

　1890年センサスに基づいた報告書『第11回センサス合衆国農業統計』（1895年）によれば，ヴェブレンの言うように1879-89年にかけて合衆国の小麦生産状況には明瞭な特徴を指摘できる。それは第一に，1859年から10年ごとに60％以上の増加率を示してきた小麦生産量は，1879-89年にはわずか2％弱の増加にとどまったこと。第二に，1879-89年には小麦作付面積が10年前より減少した州が35を数え，しかも作付面積の大きな減少を示した州に，ヴェブレンがA.シカゴと五大湖を中心とする地域としたイリノイ，インディアナ，ミシガン，ウィスコンシン州が含まれ，イリノイ・アイオワ・ウィスコンシン州の10年間の作付面積減少は57％，465万エーカーに及ぶこと。第三に，1879-89年に作付面積が増加した州は14であり，その最大の増加を示した州は南北ダコタ，カリフォルニアと西部地域であり，南北ダコタでの作付面積増は470万エーカー，実に19倍に及ぶこと[85]。A. B.両地域での小麦生産量は，1879-89年にかけてはっきりとした違いを示した。

　②「食料供給と小麦価格」は，①「小麦価格」での分析を基礎に，今後10年間の小麦生産量の増大と小麦価格上昇の大きさを見積ろうとしたものである。以下の言葉は，アメリカでの小麦生産に関するヴェブレンの現状認識を示している。

　　「われわれはアメリカにおける小麦地域拡張の限界にけっして到達していない——もしくはそれに接近していない——。だが，その点を越えては，すでに耕作された最後の1,000もしくは2,000エーカーと肥沃度が同一で同等の利用が可能な小麦地の大量の追加が存在しない点に急速に接近しつつあることはおそらく真実である。

---

85) Department of the Interior Census Office, *Report of the Statistics of Agriculture in the United States at the Eleventh Census:1890,* Washington, 1895, p.14.

5　小麦生産の拡大―西部へ

　……予期しえない発展を除外すれば，この先10年もしくは12年の間，利用しにくい土地〔西部〔B.〕〕に頼ることなしには耕作地域の大きな拡張が起こりえないと言うことはできる。したがって，以前にはそうではなかった収穫逓減法則のわが国農業に対する実際上の作用が重要になるであろう」（②pp.365, 367）。

　上の引用が示すように，A. シカゴと五大湖を中心とするイリノイをはじめとする諸州では，収穫面積拡大ではなくて，主に集約的農業によるエーカー当たりの収量増加で対応し，B.「西部の新たな諸州」では作付面積増加によって生産量を増大するであろう（②pp.376-78），というのがヴェブレンの推定であった。

　ヴェブレンの推定は1900年センサスで十分に検証される。小麦価格は1890年のブッシェル当たり84セントから90年代は減少を続け，1900年センサスでは56セントであった。にもかかわらず，1899年の合衆国全体での小麦生産量は6億5,853万ブッシェルと1890年の1.4倍に増加した。また小麦作付面積も3,358万エーカーから5,259万エーカーと1.6倍に増加している。その生産増の大半は，ヴェブレンの言うB.「西部の新たな諸州」（8州）で行われた。これら諸州の小麦生産量は合衆国全体の生産量の48％を占めた（1890年センサス時には38％）。最大の小麦生産が行われたミネソタ州は1890年の5,230万ブッシェルから9,528万ブッシェルに大幅に増加し，小麦作付面積も337万エーカーから656万エーカーとほぼ2倍化した。同様に南北ダコタ，アイオワ，ネブラスカでも生産量は2倍以上に増加した[86]。

　一方，A. シカゴと五大湖を中心とする地域（7州）では全体として小麦生産量は減少し，合衆国全体の24％に低下した（1890年センサス時には35％）。特にイリノイ州は1890年の3,739万ブッシェルから1900年には1,980万ブッシェルに半減した。オハイオ州で3,556万ブッシェルから5,038万ブッシェルに増加したのが目に着く程度である。またエーカー当たりの収量もイリノイでは10.8ブッシェルと平均を大きく下

---

86)　1889年の小麦生産においては，「特定地域における集中と強い専門化が明らかである」。ミネソタとダコタで国内小麦生産6億5,800万ブッシェルの約30％を生産した。C.R. Ball et al., Wheat Production and Marketing, *Year Book 1921*, USDA, 1922, p.96.

回った。一方，南ダコタ，アイオワでは 18.5 ブッシェルと高い水準を示した。

　1890 年センサスから 10 年後には，小麦生産に関してはA. シカゴと五大湖を中心とする地域と B.「西部の新たな諸州」の地位は完全に逆転した[87]。

　ただし，A. シカゴと五大湖を中心とする地域の小麦生産・作付の減少はトウモロコシ生産・作付の一貫した増加と一体であることに留意しなければならない。牛・豚をはじめ畜産の拡大が小麦生産を凌駕し始めた。1890 年からの 10 年間で小麦生産が半減したイリノイでも，家畜飼料であるトウモロコシ生産は 1.37 倍に増加し，トウモロコシ生産量・作付面積ともに全米一の地位を占めた。ヴェブレンは B.「西部の新たな諸州」に入れていたが，アイオワも 20 世紀に入ってイリノイを凌いで最大のトウモロコシ生産地になる。A. シカゴと五大湖を中心とする地域での畜産部門の生産価額は，大規模な牧畜が行われる B.「西部の新たな諸州」でのそれと並んで大きい[88]。

　シカゴを訪れた『ロンドン・タイムズ』紙の記者は，「豚は，合衆国のトウモロコシを市場に運ぶうえで最もコンパクトな形とみなされている」（1887 年 10 月）と書いた。牛も同様である。価格の割に輸送コストのかかるトウモロコシは現地で飼料として消費された。1870 年に出版されたある著書はすでに，シカゴは世界最大の穀物市場であるばかりでなく，世界最大の牛・豚市場でもある，と書いていた。イリノイの農業者はプレーリーの牧草地を飼料用穀物栽培地に転換して「耕種‐家畜混合システム」を作り上げていた。

　1 ブッシェル（25kg）のトウモロコシは 10-12 ポンド（4.5-5.5kg）の豚肉を生んだ。人間用食料と使用されるトウモロコシは，20 世紀初めには全体の 10% 以下にすぎない[89]。従来は Indian corn と表現されていたトウモロコシから「インディアン」という言葉が外れて「コーン」がト

　87）　*Twelfth Census of United States, taken in the Year 1900, Agriculture*, vol.5, pt. II, *Crops and Irrigation,* Washington, 1902, pp.20-22,28,30,92,plate no.3,15.

　88）　*Ibid.*, *pt. I, Farms, Livestock,and Animal Products,* p.cxxi,plate no.13; *ibid.*, *pt.II,*pp.79-80; Belich, *Replenishing the Earth,* p.341.

　89）　C.E. Leighty et al., The Corn Crop, *Year Book 1921,* p.165; Shannon, *The Farmer's Last Frontier,* pp.163-65,182; Cronon, *Nature's Metropolis,* pp.149,169,181,200-02,208-09,222.

5 小麦生産の拡大—西部へ　　　　　　　　　105

ウモロコシを意味し，現在「コーン・ベルト」と表現される地帯にその名が冠せられるようになったのは，19世紀末から20世紀初めにかけてのことであった[90]。

　世紀転換期にかけて，合衆国での小麦生産地帯はコーン・ベルトと地域的分化を示しつつ，西方のハイ・プレインズへ移動しつつあった。ポーター『西部』が示したように，年間降雨量25インチ以下の半乾燥地域での小麦作の困難は十分認識されていた。だが後に合衆国農務省『1921年年報』はこう記すことになる。すなわち，「わが国の小麦栽培の大部分はコーン・ベルトと西部の牧場地域との間に位置する」，そしてエーカー当たりの小麦収穫量は年間降雨量が30-35インチの地域で最大であるが，1909年の小麦作付面積のほぼ半分は年間降雨量が15-25インチの，ほとんどが灌漑のない地域であった，と[91]。

　『灌漑時代』(*The Irrigation Age*) 誌の編集者であったW. スミス (William E. Smythe) は『乾燥アメリカの征服』(1900年) で，肥沃な土地の「無尽蔵の貯蔵所」である西部地域への集団的内地植民 (domestic colonization) を通じた，遅れた西部の開発を訴えた。この著作で彼は，乾燥・半乾燥地帯における「灌漑の奇跡」――灌漑によって「十分な〈雨〉という永久の保証」が得られる――を最も強調した。スミスは，カンザス州ガーデン・シティでの8-20フィートの深さの浅い風車井戸からの地下揚水実験に注目し，費用のかかる河川からの運河引き込みに比した小規模の私的な地下水灌漑の利点を指摘し，今後の展開に期待を寄せた。だがその彼も，こうした灌漑方式による耕作は狭い範囲にとどまることを認めざるを得なかった[92]。

---

　90) William Warntz, An Historical Consideration of the Terms "Corn" and "Corn Belt" in the United States, *Agricultural History,* vol.31, no.1, 1957; Allan G. Bogue, *From Prairie to Corn Belt: Farming on the Illinois and Iowa Prairies in the Nineteenth Century,* University of Chicago Press, 1963, p.287.
　91) Wheat Production and Marketing, *Year Book 1921,* pp.104, 107.
　92) William E. Smythe, *The Conquest of Arid America,* New York and London, 1900, pp.38, 44, 110-18. 乾燥地域での灌漑の必要を指摘したパウエルも，地下揚水による灌漑には全く言及しなかった。灌漑はあくまで，河川もしくは貯水池からのそれであった。Powell, *Report,* chaps.2-4.

第4章

穀物輸出と土壌浸食

1　新穀物輸入源の形成

　穀物法廃止（1846年）以降，イギリスの小麦輸入量は徐々に増加し，1873年には遂に輸入小麦量が国産量を上回る。それとともに小麦輸入源は，「封建制度の残存」（R.マルサスの言葉）を伴ったポーランドを中心とするバルト海沿岸のヨーロッパ大陸から，「地上最大の肥沃地域を擁する」（J.ケアードの言葉）アメリカ大陸に移行した。

　南北戦争後合衆国からの小麦輸入は1870年289万クォータ，1880年845万クォータと急増する。国内農業利害を代表した『マーク・レーン・エクスプレス』誌もこうした小麦輸入急増という事態を受けて，1880年（8月1日）にこう記すに至る。すなわち，ある国が大陸ヨーロッパを戦争状態に置いたと仮定しても，「われわれはアングロサクソン人種が植民し耕作する絶対確実な供給源を有している，そしてヨーロッパが難局の時は，アメリカにとっては最も確実な好機であることがわかるであろう」，と[1]。

　しかも1880年には合衆国に次いで新たな供給源となりつつあったカナダからも，90万クォータ余の小麦がイギリスに輸出された。食料安全保障の観点に立って帝国内小麦自給の意義を説いていた，19世紀前

---

1) Cited by Morton Rothstein, America in the International Rivalry for the British Wheat Market, 1860-1914, *The Mississippi Valley Historical Review,* vol.47, no.3, 1960, p.407.

半の一部の論者の願いはその可能性を開花し始めた[2]。

　アメリカ大陸から安価な小麦が大量に輸入されて小麦価格が低落し，国内小麦生産が大きな打撃を被った1880年に，ジェイムズ・ケアード（James Caird）は『土地利害と食料供給』（第4版）でこう述べた。合衆国に加えてカナダのマニトバ周辺と北西部の肥沃地帯の開発が進み，イギリス穀物生産者の苦境は継続する。肥料と飼料への多額の支出を前提とする英国農業者は価格的に競争困難の状態に陥る。これまでの大量の肥料投下と集約的農法とに依拠するハイ・ファーミングに基づく国内小麦生産を通じて，イギリスは「自国の土壌にその自然の地力を越えて強制してきた」，と。

　さらにケアードは，イギリスと新開地カナダとの地力の差をこう表現した。「古くから耕作されているイギリスの土地は定期的に施肥され，入念にまた費用をかけて耕作されねばならない」が，これに対してカナダの「未耕の土壌は，多年にわたって肥料なしで，しかもほとんど労働も要さずに連続して穀物を生産することができる」，と[3]。

　ケアードのカナダ北西部への注目は，1869年にハドソン湾会社から移譲されて日も浅く，しかも1881年のカナダ人口433万人中プレーリー北西部（マニトバ州ならびに北西準州）人口が9万人弱であったことを考えると，早い時点で今後の展開を正確に予想したものであった。高い水準の価格を前提として，面積当たりの収量を増大させる高投入に依拠したイギリスのハイ・ファーミングは，海外からの低価格との競争の前に後退を余儀なくされた[4]。

　ケアードがあげたマニトバ周辺と北西部農業の可能性については，1885年の『王立農業協会誌』に掲載されたW. フリーム（William Fream：ソルズベリ農業カレッジ）の「カナダ農業：第1部プレーリー；

---

2)　服部正治『穀物の経済思想史』知泉書館，2017年，第5章を参照。
3)　Caird, *The Landed Interest and the Supply of Food,* 4th ed.,1880, pp.162,168.
4)　マニトバ小麦がはじめてイギリスに輸出されたのは1878・79年であり，最初の穀物エレベーターがマニトバで設置されたのは1881年である——20年後の1900年にはその数は447を数える。Gerald Friesen, *The Canadian Prairies: A History,* University of Toronto Press, 1987, pp.511-12; Vernon C. Fowke, *The National Policy and the Wheat Economy,* University of Toronto Press, 1957, pp.105,115,117.

第 2 部東部諸州」（1885 年）が詳しく紹介している[5]。

　この論説の意図するところはこうである。すなわち，合衆国の増大する国内人口による小麦需要の急増は，この 2 年の間にイギリスへの小麦輸出量の顕著な低下を生んだ。だが，現在その間隙を埋めているのはカナダではなくインドである。カナダ北西部プレーリーがほぼ独占的に生み出す硬質小麦はイギリスのパン需要に最も適する高品質であるにもかかわらず，いまだその特有の資源を開発しきれていない理由の一つが資本の不足である。その現状を正すために，近年急速に関心が高まったカナダ・プレーリーでの小麦生産（ならびに牧畜農業）の実態の紹介を通じて，カナダ開発の進展を図ることであった（pt.2, pp.85-89）。

　マニトバ州ならびにさらに西部のサスカチュワンの肥沃度はきわめて高く，その土壌はイギリスの耕地の 2 倍の窒素を有する。現在その肥沃性を十分に引き出していないのは，気候のせいではない。それは「主として労働が希少のゆえであり，その結果不完全な耕作」が行われているためである。唯一の救済策は人口増加だが，この問題点も今後の克服が期待できる。マニトバ州の人口は現在 125,000 人で，1879 年に州都ウィニペグに鉄道が延びたことで人口は急増した（pt.1, pp.14-16, 30-32）。

　1883 年のマニトバでの小麦生産量は 569 万ブッシェル，84 年は 621 万ブッシェルであり，輸出可能量は 475 万ブッシェルに達する。マニトバの 1882 年のエーカー当たりの小麦収量は 32 ブッシェルにも上り，この 7 年間の平均でも 29 ブッシェルである。これは，合衆国ミネソタ州の 14.5 ブッシェル，オーストラリア南部の 8 ブッシェルに比べれば，おそらく世界最高の小麦収量を誇る。しかもそこで生産される小麦は粒が締まって重く，グルテンの多い，製パンに最適な硬質小麦である（pt.1, pp.24, 41-42, 48-50）。

　サスカチュワン州の農業者によれば，小麦 1 クォータを 11 シリング 6 ペンスで生産でき，輸送費を入れても——そして投下資本に対する 8％の利子を含めても——リヴァプールの港に 23 シリングで持ち込める。東部とは違い，西部では開墾に伴う作業工程が不要であることも低

　5）　William Fream, Canadian Agriculture, pt.1, The Prairie; pt.2, The Eastern Provinces, *Journal of the Royal Agricultural Society of England*, 2nd ser., vol.21, 1885. この長論説は冊子としてもそれぞれ公刊された。参照個所は pt.1; pt.2 として冊子のページを本文中に記す。

いコストでの生産を可能にしている（pt.1,p.70）。ただしプレーリーを「小麦のみの生産地域」にすることは間違いである。この地域の多くにも今後「施肥が必要になる時が来る」。アルバータを含めて，牛と羊飼育との混合農業が，小麦価格の変動から独立したプレーリー農業の発展を保証する（pt.1,pp.92-93）。

　カナダ北西部の開発は，鉄道敷設による農産物のみならず人間（移民）の輸送手段の充実を前提とする。この長論説は，カナダ北西部開発のイギリスにとっての意義を次の言葉で締めくくった。「カナダ自治領の大西洋と太平洋の両岸を鋼鉄のベルトで結ぶカナダ太平洋鉄道（Canadian Pacific Railway: CPR）の完成は，〔経済開発を通じた〕平和的征覇の新時代の幕明けである。時の流れとともに，進取気鋭の開拓農業者たちは西方に向けてその数を増し，現時点ではこの孤立し遠く離れた北西部プレーリーに英国産業と英国事業の新たな記念碑を打ち立てるであろう」（pt.2, p.90），と。この年（1885年）11月東部カナダとブリティッシュ・コロンビアを結ぶカナダ横断鉄道は完成する。

　CPRは，連邦成立（1868年）後，カナダに先だって東西横断鉄道を完成させて急速に西部開発を進めつつ，アメリカ大陸西部地域全体に対する経済的支配を確立しようとする合衆国に対抗する，いわば「経済的防衛」という責務も担った。さらにCPR敷設は，先住民の抵抗を制圧しつつ，国民の統合を進める意図をもって東西の経済的交流の飛躍的増進を目指して進められた。この点でCPRは連邦カナダの国家的事業であった。連邦政府のCPRに対する多額の財政支援，土地供与，各種税免除，運賃設定の厚遇など，鉄道建設はカナダ・ナショナル・ポリシーの基礎をなす礎石であった。ナショナル・ポリシーのもう一つの柱である高関税によって保護されたカナダ東部製造業は，広大な西部農業地域を重要な国内市場として確保することを意図した[6]。

　1870年から世紀末までに作付面積が半減した小麦に限らず，イギリスの農業生産は世紀末にかけて減退した。穀物自由貿易はイギリス農業に大きな打撃を与えるほどの穀物輸入をもたらすことはないという，リカードウをはじめとする19世紀前半の多くの穀物法批判者が抱いた

---

　[6] Fowke, *The National Policy and the Wheat Economy,* pp.49,64; Friesen, *The Canadian Prairies,* pp.188-89.

予測は，その誤りが明らかになった。国民所得に占める農業の割合は，1851 年の 20% から 81 年には 10% に，そして 20 世紀初頭には 6% と低下し続けた。農業就業人口も全体の 12% にすぎなかった。

イギリスの（小麦に限らず）食料全体の輸入額は，1850 年代初めから半世紀の間に 8 倍に増加し，輸入額全体の 2/5 を占めるに至った。併せて国民の食生活向上に伴って食料消費に占める小麦パンの割合が低下する——1895 年には食料輸入額のうち穀物は 30% 弱となった——とともに，輸入食料自体の構成が多様化し，供給源が世界各地に広がった。イギリスは当時の大国としては農業の外部化を極限にまで進めた[7]。それは，イギリス市場に向けたグローバルな食料供給体制が形成されつつあったことを意味した。

世紀転換期におけるイギリス向け食料の海外での作付面積は，小麦 600 万エーカー，飼料 600 万エーカー，牛・羊・ミルク（乳製品）用の牧草地 1,100 万エーカーに及んだ，と言われる。1870 年以降 20 世紀初頭にかけて作付面積が半減した小麦については，グレート・ブリテンの作付地（1900 年 170 万エーカー）の 3 倍以上である。食料の自由貿易を通じてイギリスは，自国消費食料のために自国農地の何倍もの海外農地を確保した[8]。

イギリスに向けたグローバルな食料供給体制は，自由貿易によってのみ形成されたわけではない。強調すべきは，イギリスに食料を輸出する海外農地の多くがイギリス資本とイギリス人移民とのつながりの中で形成されたことである。19 世紀中葉から第一次大戦までのヨーロッパから新世界への移民総数 5,000 万人のうち，イギリス人は 1,350 万人を占めた。また国内所得に占める海外投資額の割合は，1850 年代には 48 分の 1 であったが，1870-1914 年の時期には 23 分の 1 に倍増した。さら

---

[7] 世紀転換期の総労働力人口に占める農業人口の割合は，アメリカ合衆国 37.5%，カナダ 46.0% に対して，グレート・ブリテン 8.6% である。T. シュルツ『農業の経済組織』川野重任・馬場啓之助監訳，中央公論社，1958 年（原著 1953 年），149 ページ。

[8] E.J.T. Collins ed., *The Agrarian History of England and Wales, Vol.7 1850-1914, Part 1,* Cambridge University Press, 2000, pp.13,40-42; Avner Offer, *The First World War: An Agrarian Interpretation,* Clarendon Press, 1989, p. 82; H.F. Marks（ed.by D.K. Britton），*A Hundred Years of British Food & Farming,* Taylor & Francis, 1989, Tables 10.2,10.5.

にエドワード期（1901-10 年）に限れば 16 分の 1 に跳ね上がる[9]。

2　カナダ西部プレーリー開発

　A. マーシャル（Alfred Marshall）は『経済学原理』（1890 年，第 5 版 1907 年）第 6 編 9 章「土地地代」で，生産者余剰の原因として土地の豊度と位置を論じた際，「この点では合衆国はもはや新国とは見なされない。なぜなら最優良地はすべて耕作され，そのほとんど全ては安価な鉄道で食料市場に接近できるからである」，と記した。マーシャルは合衆国が収穫逓減段階に入ったとは表現していないが，『原理』第 8 版（1920 年）序文では，合衆国と区別して「現代においては，新国の開発は，海陸の低廉な輸送費に助けられて」リカードウやマルサスが用いた意味での「収穫逓減の傾向をほとんど停止している」と記した[10]。

　さらにマーシャルは，その未完の『原理』第 2 巻の草稿と目される文書では，「カナダ小麦への需要増大に対するカナダ小麦生産の反応は，その土地の広さと肥沃性に部分的に依存するにすぎない。それは，農業繁栄の拡大を見込んだ鉄道建設と追加人口誘致との迅速さに大きく影響されもする。したがって，カナダの農業を収穫逓減ではなくて収穫逓増産業と見なすことは不合理ではない」（強調は引用者）と書き，カナダでの小麦生産の拡大を見通している。マーシャルにおいては，生産要因としての土地（自然）の供給よりも労働ならびに資本・組織（人間）の供給が重要であった[11]。

　20 世紀初頭の関税改革論争におけるチェンバレン派の論客ヒュウインズ（W.A.S. Hewins）も 1903 年の論説で，合衆国の小麦生産は急速に「収穫逓減段階」に接近しつつあるのに対し，カナダをはじめとする英帝国の小麦生産は「無限の拡張」が可能だと論じた。同じく『ナショナ

　9）　G.B. Magee and A.S. Thompson, *Empire and Globalisation; Networks of People, Goods and Capital in the British World, c.1850-1914,* Cambridge University Press, 2010, pp.xi,172.

　10）　Alfred Marshall, *Principles of Economics,* Nineth（Variorum）Edition, ed. by C.W. Guillebaud, vol.1, 1961, Macmillan, pp. 633, xv；服部『穀物の経済思想史』293-94,304 ページ。

　11）　K. Caldari and T. Nishizawa ed., *Alfred Marshall's Last Challenge: His Book on Economic Progress,* Cambridge Scholars Publishing, 2020, p.300.

ル・レヴュー』誌の論説「帝国の経済学」(1903 年) も，収穫逓減段階に入った合衆国の小麦生産に対比して，カナダのそれは「無限の発展の入り口」に立ったにすぎないと述べていた[12]。

　帝国特恵による自給帝国形成を目指したカニンガム (William Cunningham) は『自由貿易駁論』(1911 年) で，帝国内での小麦確保がもつイギリスにとっての重要性をこう露骨に主張した。「カナダ，インド，またオーストラリアの小麦生産者に特恵を与えるのは，植民地の利益の考慮というよりも，……植民地からの〔小麦〕供給を英国市場に引き寄せるための手段としてである」，と。併せてカニンガムは，植民地での農業開発のために，農業不況に苦しむ英国農業労働者の移民を強く促した[13]。

　カニンガムが提唱したように，20 世紀にはいって英国人移民は急増した。特にカナダへの移民増加が著しい。カナダは新たな世紀とともに，世界の重要な移民先に浮上する。1900 年の連合王国人口は 4,116 万人であったが，世紀初めから第一次大戦までの移民者総数は約 440 万人に及ぶ。その内，合衆国への移民が 173 万人，カナダが 145 万人，オーストラリアが 50 万人，南アフリカが 39 万人を数えた。1905 年には移民先として初めてカナダが合衆国を上回る。大ブリテンから合衆国への移民は 1880・90 年代がピークであり，1905 年以降は停滞するのと対照的に，以降カナダへの移民は合衆国へのそれを大きく上回る。1901-20 年の期間では，大ブリテンからの合衆国への移民総数 122 万人に対してカナダ移民は 162 万人である。

　以下に見るように，カナダ西部プレーリー開発と小麦生産のために，多数の労働力が必要とされた。世紀交代期にカナダ内務相を務めたシフトン (C. Sifton) は，特に農業者・農業労働者の移民を奨励した。連邦政府からの土地供与によってカナダ西部の大土地所有者となったカナダ太平洋鉄道も，輸送収益増を目指して活発な――プレーリー入植の未来

---

　12) An Economist [Hewins], The Fiscal Policy of the Empire, *The Times,* 22 June 1903; 29 June 1903；The Assistant Editor, The Economics of Empire, II, *National Review,* vol.42, no. 250,1903, p.39.
　13) William Cunningham, *The Case against Free Trade,* London, 1911, revised ed., 1914, pp.50-53.

についての楽観的な宣伝を含む——移民招致活動を展開した[14]。

　1891-1900年の時期には大ブリテンからの移民の28％が自治領・植民地に，残りは主に合衆国に渡っていた。だが20世紀になるとその流れは逆転する。前者への移民が増加し，1901-10年には63％が自治領に向かった。そして1913年にはその割合は78％に達した。それはイギリスにとっては，既に植民地であった地域への「再植民 recolonization」の創出であった[15]。

　闊達な筆致で『今日のカナダ』（1906年）を描いたホブソン（J.A. Hobson）は，カナダの対英特恵関税（1897年：フィールディング関税）自体の効果は限定的で，カナダの，経済的・文化的な意味でのアメリカ化は不可避であると鋭く指摘した。「現在の新たなカナダ・ブームは，今日の合衆国を作り上げたエネルギーのもう一つの大きな地域的爆発にすぎない」。ホブソンにおいては，世界の穀倉と宿命付けられているカナダ北西部にとっての最も貴重な人材は，ダコタ，ミネソタ，アイオワ，ネブラスカからの農業経験豊かな，十分な資本を携えたアメリカ人入植者であった[16]。

　こうしてみると，20世紀初頭の関税改革論争で相対立した両陣営は，カナダをはじめとする「新国」での小麦生産の将来に期待をかけた点では共通している。それは穀物輸入国イギリスにとっての利益の確保を背景にする点では共通だからである。両陣営は，「新国」カナダ，また

　14）　B.R. Mitchell and P. Deane, *Abstract of British Historical Statistics,* Cambridge University Press, 1962, pp.9.50; Magee and Thompson, *Empire and Globalisation,* pp. xi,68-69,90-91; C.E. Solberg, *The Prairies and the Pampas: Agrarian Policy in Canada and Argentina, 1880-1930,* Stanford University Press, 1987, pp.76-77,81.
　1921年におけるマニトバ，サスカチュワン，アルバータ3州の外国出生者に占める英国（含むアイルランド）人の割合は42％，合衆国26％であった。K.H. Norrie, The Rate of Settlement of the Canadian Prairies, 1870-1911, *Journal of Economic History,* vol.36, no.2, 1975, pp.410-11; James Belich, *Replenishing the Earth: The Settler Revolution and the Rise of the Anglo-World, 1783-1939,* Oxford University Press, 2009, pp.409-10.
　15）　Belich, *Replenishing the Earth,* pp.459-60.
　16）　J.A. Hobson, *Canada To-Day,* London, 1906, pp.11-12,94-95. 内相シフトンも西部への「第一級」移民として重視したのが，資本に富みプレーリー農業の経験をもつ合衆国からの移民であった。西部入植者数では，カナダ，合衆国，イギリス，大陸ヨーロッパからの移民が多い。Randy W. Widds, Saskatchewan Bound: Migration to a New Canadian Frontier, *Great Plains Quarterly,* 649, 1992, pp.255,260.

オーストラリアでの——資本・労働の移民がもたらす——小麦生産増大を前提としたうえで，増大した小麦確保の方策として，自由貿易か帝国統合のための特恵関税かを争ったのである。

　20世紀初めに「週末しか自給できない国民」と評されたイギリスでは，小麦自給率は2割程度に低下していた。スコットランドでの小麦生産はほぼなくなっていた。イングランドとウエールズでの小麦生産収入も，世紀末には農業所得の5％を占めるにすぎなかった[17]。

　既述のように，カナダで西部プレーリー開発をもたらした大陸横断鉄道の完成は1885年末であり，イギリスからの投資増加は新たな鉄道網，穀物輸出に必要な港湾等の社会資本整備に向けられた。1865-1914年の英国資本の最大の海外投資先は合衆国であったが，カナダはそれに次ぐ地位（総額にして合衆国の約1/2）を占めた。特に1910-14年にはカナダへの年平均新規投資額は1900-04年のそれの10倍以上に増加し，合衆国に迫るほどであった[18]。鉄道資金の多くは，ロンドン金融市場での連邦政府による公債発行を通じて調達された。1900-14年の間に5億ポンドもの外国資本がカナダに流入したが，その7割はイギリスからであり，新規鉄道建設資金の8割以上がイギリス資本であった[19]。

　1910年10月にモントリオールで開かれたカナダ太平洋鉄道会社年次総会の模様を伝えた『エコノミスト』誌の記事は，同鉄道の意義をこう率直に語った。「すべてのイギリス人は，カナダ太平洋鉄道とその巨大な組織をすべてのカナダ人とまったく同様に誇りに思う。われわれすべてはこの鉄道を〔英〕国民の所有物（a national possession）とみなしている。なぜならば，この鉄道はカナダ人によって創始され運営されているが，その資本は主にイギリス人が所有しているからである」，と[20]。

　17）　Collins ed., *Agrarian History of England and Wales, vol.7,* p.145.
　18）　Magee and Thompson, *Empire and Globalisation,* pp.173-74. Cf. Belich, *Replenishing the Earth,* p.412; D.C. Platt, Canada and Argentina: the First Preference of British Investor, 1904-14, *Journal of Imperial and Commonwealth History,* vol.13, no.3, 1985, p.80; *The Economist,* The Financing of Canada, 8 July 1911, pp.61-62.
　19）　P.J. ケイン，A.G. ホブキンス『ジェントルマン資本主義の帝国　I』（竹内幸雄・秋田茂訳）名古屋大学出版会，1997年，182-84ページ；Solberg, *The Prairies and the Pampas,* pp.117-18. カナダの対内投資に占めるイギリスの割合は1900年には85％であり，1910年には77％，1920年でも53％である。Belich, *Replenishing the Earth,* p.416.
　20）　*The Economist,* A Survey and Criticism of the Canadian Pacific Railway, 19 November

同じく『エコノミスト』誌（1912年2月24日）の全英アメリカ債券・証券保有者連合会議の記事は，そこでの議長の発言をこう伝えている。1911年のカナダへのヨーロッパ，合衆国からの移民は40万を超え，小麦生産も順調に拡張している。カナダ繁栄のカギは小麦価格であり，同時に「母国イギリスがカナダの銀行であり続けることである」。「カナダにとっては，イギリスの貯蓄のかなりの部分がカナダに流入し続けること」がその生死を左右する。そして彼は「英国資本がアルゼンチン，ブラジル，そして海外の大自治領，とりわけカナダの開発のためになしたこと」の偉大さを誇って見せた[21]。

後に（1924年）ケインズは，海外での鉄道を含む社会インフラストラクチャへの英国資本投資のもたらした意義について，こう記すことになる。

「われわれはイギリス人の工業上の熟練をもって，われわれの鉄鋼をもって，そしてわが国の工場からの車輌でもって鉄道を建設した。われわれは国々・地域を開発し，それに付随する事業によって間接的に追加的富を引き出した。こうして*われわれはわれわれ自身のために，海外からの安価な食料の供給を可能にした*。これら投資は，鉄道だけでなく，港湾，市街鉄道，水道，ガスおよび発電所にまで及んだ……」（強調は引用者）[22]。

カナダへのイギリス資本の流入は英国人移民の増加を伴って，帝国カナダを合衆国と並ぶ重要な小麦生産地に押し上げた。ケインとホプキンスの研究が言うように，「〔カナダからの〕当初の輸出の緩やかな成長とインフラ投資増大に伴う輸入の急速な増加とを前提にすれば，世紀転換期以降の小麦の大ブームは大規模な資本と労働力の流入があってはじめて維持できた」[23]。

1910, p.1020.
 21) *The Economist,* English Association of American Bond and Share Holders, Limited, 24 February 1912, pp.425-26.
 22) K.M. Keynes, Foreign Investment and National Advantage, *The Nation and Athenaeum,* 9 August 1924: *The Collected Writings of J.M. Keynes,* Macmillan, vol. XIX, pt.1, p.276.
 23) ケイン，ホプキンス『ジェントルマン資本主義の帝国　I』183ページ。

英国人探検隊長の名にちなんでパリサーズ・トライアングル (the Palliser's Triangle) と呼ばれる，西部プレーリー諸州マニトバ，サスカチュワン，アルバータがその中心であった。カナダ史における「小麦ブーム時代」の到来である。ホームステッド法はわずかな代価で肥沃地の取得を可能にした。カナダ西部プレーリー地帯のこれら諸州は，合衆国のモンタナ，ノースダコタ，ミネソタ州の北に連なる地域で，合衆国の大平原地帯と一体となって小麦（春小麦）生産地帯を形成した。

　第一次大戦は，カナダ・プレーリー地帯を小麦生産に特化した農業に変える転換点となった。開戦直後にカナダ農相ブレル（M. Burrell）は，イギリス資本と移民を基盤にして小麦生産を急増させた現状をこう誇って見せた。「カナダは母国からの兵員と装備に対する要請に迅速に応えている。〔だが〕イギリスは兵員以上に必要なものがある。イギリスは食料を──今年と来年の食料を持たねばならぬ。……カナダ政府は〔小麦〕作付面積増加の必要性を強く感じている。カナダ農業者は英国国内での英国人と前線での英国人兵士とへの食料供給を増加させるために全精力を傾けており，帝国のこの壮大な戦いで自らの役割を果たしつつある」。大戦を通じてカナダとイギリスとの小麦供給・需要関係の依存・構造化が進んだ[24]。

　第一次大戦を経て，小麦輸出国としては，カナダを中心とする新国植民地が合衆国を凌駕する事態が進んだ。イギリスはカナダへの投資と移民によって，プレーリー地方での小麦生産増大の基礎を据えた。1911年の時点で，プレーリー上記3州の穀物農業者の64％が移民であり，マニトバ，サスカチュワン，アルバータと西に進むにつれて移民の比率は高まる。しかもそのうち英国人移民は最も多い。最大の小麦生産州であるサスカチュワンの人口に占める英国人移民の第一世代は，1911年には16.5％，第二世代以下を含めれば67％を数えた[25]。

　カナダの小麦生産中心地となった西部諸州は，かつては「英帝国のシ

　24）　G.E. Britnell and V.C. Fowke, *Canadian Agriculture in War and Peace 1935-50*, Stanford University Press, 1962, pp.35-36; Andre Magnan, *When Wheat was King: The Rise and Fall of the Canadian-UK Grain Trade*, University of British Columbia Press, 2016, p.47.
　25）　Solberg, *The Prairies and the Pampas*, pp.81,91; G.E. Britnell, *The Wheat Economy*, University of Toronto Press, 1939, p.16.

ベリア」と呼ばれ，気候は厳しく農業での成功は困難とみなされた地域だったが，その人口は世紀初頭から1911年にかけて42万人から133万人に急増した。そこには「新国」でなくなった合衆国からの移民も多く含まれた。1921年にはプレーリー農民の移民元としてイギリスに次いで合衆国が位置する[26]。

西部諸州での小麦作付面積は世紀初頭から1921年までに5倍以上に増加した。1920年代には，西部諸州がカナダの小麦生産の95%，輸出のほぼすべてをまかなう。西部諸州の人口は増加を続け21年には196万，31年には235万人に達する。世紀初頭からは6倍弱の増加である。連邦結成後30年間の開発の努力が築いた基礎の上に，「カナダ西部の小麦経済は，20世紀最初の30年で創出された」[27]。

大戦中の小麦の高価格のなかで西部3州の小麦作付面積は急増し，大戦後の小麦価格急落の中でも作付面積はなお増加を続けた。西部諸州で生産される小麦（ウクライナ起源のレッド・ファイフ種，後にはマーキス種）は短藁早生種でたんぱく質を多く含む硬質小麦であり，それは伸縮性に富むパン生地を可能にし，19世紀末に普及したローラー製粉機に適合する，パン食用小麦として最も適した品質を有した。カナダ産硬質小麦は，英国産またオーストラリア産などの軟質小麦と混合して，製パン用に製粉された。カナダでの小麦生産増加は，パンの品質に対する英国消費者の嗜好の変化と結び付いていた[28]。

ケインズは第一次大戦後の手紙（1919年7月26日付）で，「連合王国に関しては，カナダで〔穀類の〕借入が得られれば，おそらく合衆国からの穀類なしでやっていけます。言い換えれば，われわれは英帝国とアルゼンチンから十分な供給を確保でき，合衆国の供給を他の国々に残し

---

26) Solberg, *The Prairies and the Pampas,* pp.85,88; Belich, *Replenishing the Earth,* p.410.

27) カナダ全体では1911-21年の移民は159万人，21-31年の移民は120万人を数える。1930年からは原則として移民の門は閉ざされる。31-41年の移民数は15万人にすぎない。Fowke, *The National Policy and the Wheat Economy,* pp.61,72; Friesen, *The Canadian Prairies,* pp.247-48.

28) C.P. Wright with J.S. Davis, Canada as a Producer and Exporter of Wheat, *Wheat Studies,* vol.1, no.8, 1925, p. 244, tables 5, 6, 14; Offer, *First World War,* p.143; Magnan, *When Wheat was King,* pp.28-45; Collins ed., *Agrarian History of England and Wales, vol.7, 1850-1914,* pp.52-53.

ておくことが可能です」，と記すことさえできた[29]。

　ところが1880年代（特に1896年）以降に入植がすすんだ，マニトバ西部，サスカチュワン東部は年間降雨量が20インチ（50.8cm）以下の半乾燥地帯で，従来は小麦作不適地と考えられていた地域であった。『小麦経済』の著者ブリットネルは端的にこう記した。「サスカチュワンでの小麦生産の最大の問題は，生育期の降雨量の変動から生じている」，と[30]。

　こうして年々の降雨量が小麦収穫に直結するというリスクが生まれる。しかもマニトバ，サスカチュワンよりさらに西のアルバータ州は，1910年までは小麦生産地とはみなされていなかった地域である。北米の半乾燥地帯では，その最大降雨量があってはじめて小麦の収穫が保証された。旱魃は厳しい収穫減をもたらした。さらに冬季の寒冷な気候は，作物の生育期間を3・4月から11月に限定したから，土壌肥沃度を維持する輪作体系の導入は困難であり，小麦－夏季休閑（2年に一度の小麦作）というドライ・ファーミングを中心とする農法に依拠した小麦生産が主流となった[31]。

　ベリヒの研究は，合衆国大平原，カナダ西部，オーストラリア中部といった，半乾燥地帯への小麦生産拡張を促した「イギリス発の世界（The Anglo-world）全域にわたる爆発的植民は，20世紀初めにその頂点に達し，〈良地という限界を超えて〉生活のできない土地にも溢れだした」，と表現した[32]。

　ライトとデイヴィスは論説「小麦生産・輸出者としてのカナダ」（1925年）で，ドライ・ファーミングの問題点についてこう記した。「不幸なことに，夏季休閑は深刻な失敗をもたらさずにはいない。休閑後に生育する作物は土壌中の湿気をよく吸収する。小麦の藁は長く弱くなり，穀

29）　Letter of Keynes to Lord Robert Cecil, 26 July 1919, *Collected Writings of J.M. Keynes,* Vol. XVII, p.116. 春井久志訳『全集』17巻，162ページ。

30）　Britnell, *The Wheat Economy,* pp.59-60.

31）　K. Norrie, Dry Farming and the Economics of Risk Bearing: The Canadian Prairies, 1870-1930, *Agricultural History,* vol.51. no.1, 1977; D.A. MacGibbon, The Future of the Canadian Export Trade in Wheat, *Contributions to Canadian Economics,* vol.5, 1932, p.14; Wright with Davis, Canada as a Producer and Exporter of Wheat, pp. 221,224.

32）　Belich, *Replenishing the Earth,* p.420.

粒の成熟は遅くなり，実りは強風にさらされ，また早霜の害を免れない。さらに多年にわたる夏季休閑は〔植生のない土壌を太陽に曝すことで〕土壌の質を劣化させる。土壌の素質は破壊され，有機物や窒素は流出する。最終的には，過度の収穫や過度の作付の結果，土壌が破壊され不毛な粉末にされてしまうと，強い風で吹き流される」。これらの小麦作地帯では家畜が相対的に少なく，輪作体系維持が困難であり「土壌肥沃度の劣化」は不可避である，と[33]。

　カナダでの小麦生産量は1901年には790万クォータ（輸出量は390万クォータ）であったが，大戦前年の1913年には2,460万クォータ（輸出量は1,700万クォータ）に急増した。大戦中の1915年には生産量は4,640万クォータ（輸出量は3,370万クォータ）と最高値を記録する。輸出比率は7割を超えた。生産量に占める輸出量の割合が高いことが，合衆国と比べた「新国」カナダの特徴であった。

　カナダからイギリスへの小麦輸出量は1905-09年の年平均で450万クォータ，1910-14年には年平均980万クォータ，1915-19年は年平均1,550万クォータに達した。5年ごとに約500万クォータ以上（19世紀末以降のイギリスでの1人当たり小麦消費量の漸減傾向からして600万人分以上）ずつ増加する毎日のパン材料が，カナダ一国で増産された勘定になる。世紀初めにはイギリスの小麦輸入に占めるカナダの割合は合衆国からの1/4程度であったが，大戦直前には合衆国とほぼ拮抗するに至った。1900-10年の間に4倍に増えたカナダの小麦輸出量は，1910-30年の間にもう4倍に増加する[34]。

3　合衆国大平原開発

　1908年以降小麦生産量の半分以上が輸出されるようになり，以後輸出比率が増加の一途をたどった「新国」としてのカナダに比して，フロンティアが消滅した合衆国では，輸出比率は1878年の35.8％から1893

---

33) Wright with Davis, *Canada as a Producer and Exporter of Wheat*, pp.224, 227.

34) Wright with Davis, ibid., pp.217-18,225, tables 14, 23, 24; Mitchell and Dean, *Abstract of British Historical Statistics,* p.102; Offer, *The First World War,* pp.86-87,157.

年の41.5％，1900年の41.4％へと上昇した後低下に転ずる。1904年には8％に急減した後，1904-13年の平均をとっても15％であった。これ以降，輸出比率は低下傾向を示す[35]。これは国内市場での需要拡大，そしてカナダ，アルゼンチン，オーストラリアといった「新国」との競争激化に起因した。国内市場での需要拡大をもたらしたのが，この時期に頂点に達した移民増加による人口の急増と都市化の進展による非農業人口の増大とであった。アメリカ大陸部の人口は，1890年6,306万人，1900年7,613万人，1910年9,227万人と急増する。

ケインズは『平和の経済的帰結』(1919年) で，「収穫逓減」という言葉を使って，合衆国での事態を以下のように記している。すなわち，第一次大戦開始時には合衆国では小麦の輸出余剰が減退し始めた。大戦開始時には，合衆国の国内小麦需要は生産量に近づき，特別な豊作の年以外には輸出余剰がなくなる時期が近いことは明らかだった。「収穫逓減法則がようやくまた自己を主張し始めた」。合衆国の現在 (1919年) の国内需要は，1909-13年の平均産出量の90％以上と推定される，と。ただし，こうした傾向は豊富の喪失というよりも，実質費用の上昇という形で表れた[36]。ケインズの言う実質費用の増大の意味するところは，以下のように敷衍できる。

合衆国では，拡大ホームステッド法（従来の160エーカーから320エーカーの土地分与に）が施行された1909年以降大戦中にかけて，大平原地帯のダコタ西部，ネブラスカ，カンザス，さらにはモンタナ東部，テキサス西部といった年間降雨量の少ない幾百万エーカーの草地が耕地化された。ミシシッピ川からロッキー山脈に広がる大平原地帯は19世紀前半には「アメリカ大砂漠」という評価が定着し[37]，19世紀末以降平均して4年に1度は厳しい旱魃に見舞われた地帯である。「大平原は，夏

---

35) W. Trimble, Expansion of Markets, in L.B. Schmidt and E.D. Ross ed., *Readings in the Economic History of American Agriculture,* New York, 1925, p.437.

36) J.M. Keynes, *The Economic Consequences of The Peace,* 1919, in *The Collected Writings of J.M. Keynes,* Vol.2, Macmillan, 1971, pp.5,14-15: 早坂忠訳『全集』第2巻，6,17-18ページ。

37) 大平原に関するイメージと評価の変遷については，W.R. Wedel, Some Early Euro-American Percepts of Great Plains and their Influence on Anthropological Thinking, in B.W. Blouet and M.P. Lawson ed., *Images of the Plains: The Role of Human Nature in Settlement,* University of Nebraska Press, 1975, pp.14-15 を参照。

は乾燥し，冬は凍り付き，生態学的にはその自然の草木は脆弱であった」[38]。春小麦地帯の北ダコタ，南ダコタ，冬小麦地帯のネブラスカ，カンザスといった従来の小麦生産地帯に加えて，モンタナ，オクラホマ，テキサスでも小麦作付が増大した。

　第一次大戦中の食料統制法（1917年）で小麦の最低価格（1ブッシェル2ドル）が設定され，戦争開始前にはブッシェル当たり1ドル以下であった小麦価格は，17年には2.2ドルに，18年には2.26ドルに上昇した。価格上昇は，20年の2.46ドルまで続き，戦前の3倍以上になった。大戦中の小麦農家の収益は1910-14年＝100から，16年には200を超え，19年には249と急騰した。大戦中の，小麦増産とヨーロッパへの小麦供給こそが戦争勝利の道（Plant more Wheat…Wheat will win the War!）という掛け声も，耕地拡大を後押しした。上記7州から成る小麦ベルト（以下小麦ベルトという場合，上記7州を指す）での小麦作付面積は，1909年から19年の間に1.7倍（計2,180万エーカーから3,737万エーカー）に増加した[39]。

　だがこれら諸州の内の半乾燥地域では，1930年代のダスト・ボウルの最中公刊された『大平原の将来』（1937年）が言うように，土壌自体が肥沃かつ深い耕土を有しても――「全体としてみれば，大平原の土壌はその素質が良く，固有の肥沃性を有し，石灰や購入肥料を必要としない」[40]――輪作が困難で，低い土地生産性のゆえに大規模経営以外には収益は期待できなかった。拡大ホームステッド法による320エーカーの土地分与も，半乾燥地域では十分ではなかった。

　しかも限られた湿度を保全するための夏季休閑や旱魃に強い品種の採用，深・頻耕による土壌の保水能力増強を中心とするドライ・ファーミングに依拠するのみで，土壌肥沃度維持に配慮しない小麦単作に傾斜した経営が行われた。特にモンタナ，北ダコタ，カンザス州では，穀作地

38）Belich, *Replenishing the Earth*, p.336; Works Progress Administration, *Areas of Intense Drought Distress, 1930-1936*, Research Bulletin, Washington, 1937, p.4.

39）M.W.M. Hargreaves, *Dry Farming in the Northern Great Plains: Years of Readjustment, 1920-1990*, University Press of Kansas, 1993, p.10; L. Haystead and G.C. Fite, *The Agricultural Regions of the United States*, University of Oklahoma Press, 1955, p.185; R.D. Hurt, *Problems of Plenty: The American Farmers in the Twenty Century*, Ivan R. Dee, 2002, pp.36-37.

40）The Great Plains Committee, *The Future of the Great Plains*, 1937, p.34.

のうち小麦の割合が 7-8 割と高い[41]。

　ライトとデイヴィスが前記論文で述べた，カナダにおける問題を含む夏季休閑システムでさえ，合衆国大平原地帯では，一部の地域を除いて十分には行われず，小麦の連作が常態化し，地力の消耗を加速させていた[42]。カンザス州西部の例であるが，入植時には 2 メートル弱も存在した土地表土に含まれる窒素量は入植後 14 年間で 23％減少し，40 年間では当初含有量の 45％が失われた。こうした土壌窒素の減退は大平原全体で見られた。まさに「開拓農業は土壌採掘経営であった」[43]。

　いくつもの研究が一致して述べるように，こうした経営においては，降雨量によって収穫が大きく左右されるという不安定性が付きまとった。半乾燥地域では単に「降雨量が少ないというだけではなくて，それが不安定」であることが，最大の問題であった。「ドライ・ファーミングは一種の投機だった，そこでは自然が予測不能のエージェントである──十分な雨が降れば収穫が得られるが，旱魃が続けば収穫はない」。「半乾燥地帯，これが意味するものは，ある年には収穫に十分な雨が降るが，他の年には，旱魃がすべての努力を台無しにしてしまうということである。小麦ベルトの多くの農業者を破産させたのは雨量の不安定性である」[44]。

　小麦ベルトと言われる半乾燥地帯への小麦生産の拡大は，面積当たり

---

41) G.C. Fite, Great Plains Farming: A Century of Change and Adjust, *Agricultural History*, vol.51, no.1, 1977；G.D. Libecap and Z.K. Hansen, "Rain Follows the Plow" and Dryfarming Doctrine, *Journal of Economic History*, vol.62, no.1, 2002, pp.97-98；柳川博「両大戦間期におけるアメリカ〈小麦問題〉の特質」『経済学研究』北海道大学，33 巻 1 号，1983 年，112 ページ。

42) 服部信司「1930 年代におけるアメリカ農業生産構造の変革 - 変容の開始」『経済学研究』東京大学，22 号，1979 年；M.K. Bennett, Average Pre-War and Post-War Farm Cost of Wheat Production in the North American Spring-Wheat Belt, *Wheat Studies*, vol.1, no.6, 1925, pp.180-81,185,186; R.E. Ankli, Farm Income on the Great Plains and Canadian Prairies, 1920-1940, *Agricultural History*, vol.51, no.1, 1977, pp.102-03.

43) Geoff Cunfer, Manure Matters on the Great Plains Frontier, *Journal of Interdisciplinary History*, vol.34, no.4, 2004, pp.543-46; Cunfer and F. Krausmann, Adaptation on the Agricultural Frontier: Socio-Ecological Profiles of Great Plains, *Journal of Interdisciplinary History*, vol.46, no.3, 2016, p.370.

44) E. ヒグビー『アメリカの農業』嘉治真三監修，農林水産業生産性向上会議，1961 年，206-07 ページ；The Great Plains Committee, *The Future of the Great Plains*, p.4；Haystead & Fite, *Agricultural Regions of the United States*, p.181.

の収量の減退を生んだ。上記小麦ベルトでの土地生産性は，1909年から19年の間にエーカー当たり14.6ブッシェルから10.9ブッシェルへと低下した[45]。第一次大戦時イギリスの小麦需要を充たしたのは，合衆国では不安定性を内包し，小麦連作による土壌劣化と土地生産性を低下させる耕地拡張であった。

リカードウが，地力低下を地質不等におき替えそれに依拠して投入産出原理に基づいて穀物輸出国と輸入国との関係を論じてから100年後，輸出国は大陸ヨーロッパから新大陸アメリカに移ったが，合衆国1860年センサスが述べた，アメリカ農業の「自然の肥沃性から人工的なそれへの移行」の過程は長引いた。リービヒらが問題視した，輸出国の土壌劣化をもたらす略奪農業の内実の意味するところが顕在化しつつあった。

4 「悲惨な」「汚れた」30年代

第一次大戦中とその後の合衆国，カナダでの小麦生産増加をもたらしたものは，世紀開始後に始まり，そして大戦中にその度を増した小麦価格の上昇であった。カナダでの小麦価格は1900年からみれば，戦争が終結した1918年には3倍となりそのピークに達した。とりわけ，戦争中の価格上昇は大きく1915年から18年の3年間で約2倍に騰貴した。戦場となったヨーロッパでの小麦生産が減退する一方，世界小麦需要は高まった。

合衆国でも小麦価格上昇は同様である。農産物とそれ以外の財（利子，税，賃金を含む）の価格比を示すパリティ・レートは1910-14年（＝100）から17年には120に上昇した。こうした中1916年の連邦農業金融法（the Federal Farm Loan Act）は，大戦中に，従来は不十分な金融環境にあった大平原での農地開墾，機械化を推進した。従来の商業金融に比してその融資総額は少ないが，とりわけ長期低金利での割賦償還金融（amortized loan）の効果は大きかった。さらにそれは拡大した耕地

---

[45] Haystead & Fite, *ibid.*, p.185.

の 2 倍にも及ぶ農地価格インフレーションをもたらした。合衆国大平原地帯での抵当負債額は 1913-20 年の間に 2 倍に増えた。戦時後半には信用膨張に支えられた，価格高騰，生産拡張が広がった。小麦ブームが合衆国，カナダで生まれた[46]。

　ところが大戦終結に伴って，合衆国では小麦を含めた農産物価格が急落する。戦時価格維持政策の廃止とともに，小麦価格は 1920 年から 23 年にかけて 60％もの下落を示し，ブッシェル当たり 1 ドル以下と戦前水準に戻った。その後 24 年からは一定持ち直したものの，戦時中の水準の 6-7 割程度にとどまる。さらに 29 年の大暴落が続く。その底となった 31・32 年には 38 セントと 20 世紀最低を記録する。これは戦時中の 2 割程度の価格水準であった。1929-34 年の間，人口の 1/4 を占める農業人口は総国民所得の 7％を得たにすぎなかった。カナダでも苦境の初期（1929-32 年）の時点で，一人当たり所得はマニトバ州で 49％，アルバータで 61％，サスカチュワンで 72％も減少していた[47]。

　しかしながら価格低落と苦境の下でも，いったん定着した小麦増産体制の急速な転換は困難であった。戦時中に進んだ大規模機械化の進展は，作付面積の急減を困難にした。合衆国の小麦ベルトでは 20 年代にはなお作付面積，生産量は抑制的ではあるものの増加した。1919 年から 29 年の間にそれぞれ 10％，14％の増加である。小麦価格は低下したが，機械化の進展が生産コストを引き下げた。30 年代のように収益も得られず，旱魃で収量も大きく低下するほどではなかった。

　ここで注目すべきは，合衆国全体の小麦作付面積・収穫量に占める小麦ベルトの比重が 20 年代に高まったことである。合衆国小麦生産の小

　46）　Solberg, *The Prairies and the Pampas,* p.236；合衆国商務省編『アメリカ歴史統計』第 1 巻（斎藤眞・鳥居泰彦監訳，原書房，1986 年，K502-516；馬場宏二『アメリカ農業問題の発生』東京大学出版会，1969 年，付表 8；服部信司『アメリカ農業・政策史 1776-2010』農林統計協会，2010 年，第 3 章；Peter Fearon, *War, Prosperity and Depression: The US Economy 1917-45,* Philip Allan, 1987, Table 2.2. 農業金融法以前には農業者が求める長期融資は困難であり，しかも農村での金利は都市のそれより高かった。Sara M. Gregg, From Breadbasket to Dust Bowl: Rural Credit, The World War I Plow-Up, and the Transformation of American Agriculture, *Great Plains Quarterly,* vol.35, no.2, 2015, pp.129-35,155.

　47）　Paul de Hevesy, *World Wheat Planning and Economic Planning in General,* Oxford University Press,1940, Appendix 32；N.S.B. グラース『アメリカ農業史』三橋他訳，関書院，1952 年，270 ページ；Gregory P. Marchildon, Introduction to *Drought & Depression,* Marchildon ed., *Drought & Depression,* University of Regina Press, 2018, p.1.

麦ベルトへの地域的集約化が強まった。作付面積では 1919 年 51％・収穫量 43％から 29 年 66％・58％への増加傾向が推計される[48]。大平原北部では 1924-29 年の間にモンタナ東部で 45％，北ダコタ西部で 35％，南ダコタ西部で 212％の小麦収穫面積の増加がみられた。大平原南部では 1909-29 年の間に 200 万エーカーの草地が耕作地に変えられ，小麦作付面積は 1925-31 年の間に 2 倍になった。

次の地図は，1920 年代の小麦を含む耕種作物栽培の増加（黒点の濃い所）が主に大平原（特に西部）で行われたことを示している。

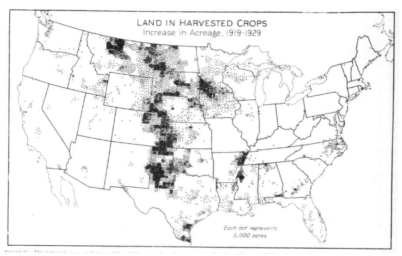

出典）National Resources Boad, *A Report on National Planning and Public Works in Relation to National Resources and Including Land Use and Water Resources with Findings and Recommendations*, Washington, 1934, p.112.

こうして合衆国全体としては，「大平原の西部地方の新たな拡張がミシシッピ以東の引き続く縮小を上回った」[49]。不安定性を内在する大平原

---

48) Haystead & Fite, *The Agricultural Regions*, p.185; 合衆国商務省編『アメリカ歴史統計』第 1 巻，K502-516 から推計。

49) Hargreaves, *Dry Farming in the Northern Great Plains*, p.35; R. Douglas Hurt, *The Big Empty: The Great Plains in the Twentieth Century*, University of Arizona Press, 2011, p.85; J.S. Davis, *Wheat and the AAA*, 1935, reprinted by Da Capo Press, 1973, p.6.

地帯への小麦生産の集約化は，土壌の肥沃度劣化という問題を内在化させ，さらには30年代に長期の旱魃がもたらしたダスト・ボウルの一因ともなった。

　20年代大平原地帯での小麦作付面積・生産量の増大においてもう一つ注目すべきは，農業機械，特にトラクター導入の進展である。19世紀においてもトラクターは活用されていたが，その動力は人力と馬・騾馬であり，大戦後の内燃機関を動力とするトラクターをはじめとする機械化の進展とは段階的に区別される。乾燥した（非泥土の）平坦地という大平原地帯の特性がその使用を拡大させた。トラクターによる深耕は50cm以上もの深さで土壌を掘り返すことを可能にした。合衆国大平原地帯では1919年には82,000台のトラクターが使用されていたが，29年には274,000台と3倍以上に増加している。

　農業機械の導入は投入労働力減少を可能にし，土地肥沃度の減退を補う形で，小麦生産コストの上昇を抑えた。小麦100ブッシェル当たりの生産に必要な労働時間は，1920年には87時間であったが，1940年には47時間に低下している。農業機械化の進展は小麦生産コスト引き下げを可能にし，小麦価格低下のなかでも小麦作付拡大を可能にした。別様に表現すれば，機械化なしには小麦生産の収益は期待できなかった[50]。

　1932年の農務省年次報告は，トラクターをはじめとする農業機械化がとりわけ大平原地帯での小麦生産を促進した現実をこう語っている。「おそらくは，大平原地帯……ほど農業の機械化に適した肥沃地は，合衆国の他の農業地帯にはない」。「機械の力が……生産に必要なコストを大きく低下させたので，かつては牧畜のみが可能だと考えられた耕作限界以下の土地でも，通常の価格であれば今や，小麦生産が労働と生産財とに対する利益を生んでいる」，と[51]。

　50）馬場『アメリカ農業問題の発生』80表。W.E. Grimes, The Effects of Improved Machinery and Production Methods on the Organization of Farms in the Hard Winter Wheat Belt, *Journal of Farm Economics,* vol.10, no.2, 1928, pp.227-28.

　51）US Department of Agriculture, *Yearbook of Agriculture 1932,* pp.417-19; G.C. Fite, Great Plains Farming, op.cit., p.251.「大平原の農業者にとっては，こうした機械設備の利用で初めて利潤を生む経営が可能となった」。Avis D. Carlson, Dust Blowing, *Harper's Magazine,* 171, July 1935, p.154.

機械化の進行は，その一方で動力としての役馬の数を減らした。1920 年以降，トラクターは農耕用馬を排除していく。それはまた農場での自給飼料作物生産の減少をもたらした。合衆国全体では 1910 年には作付面積の 1/4 程度が役馬の飼料用地とみられるが，自給飼料作の排除は現金作物増加をもたらす一方，厩肥基盤の弱体化を招来した[52]。

　トラクターの登場と厩肥基盤弱体化に相即する化学肥料の普及とが，大平原地帯でのダスト・ボウル発生の基盤をつくりだした。化学肥料の多投とトラクターによる土壌圧縮とによって土壌の団粒構造が失われて砂塵化し，強風で土壌が飛散した[53]。合衆国農務省報告（1940 年）はこう指摘する。「合衆国全体では，小麦収穫面積は 1924 年から 29 年の間に 22％増加した。そしてこの増加分は現在ダスト・ボウルが起こっている所に集中した」。特に大平原南部での小麦作付拡張が著しく，1925-31 年の間に小麦作付面積は 2 倍になった[54]。

　ダスト・ボウル（Dust Bowl）とは，合衆国大平原地帯ならびにカナダ・プレーリー地帯で 1930 年代——とりわけ 1934-37 年——に多発した，異常な高温を伴った旱魃と連作とで乾燥しきった大地の表土が長時間にわたる強風（時速 48-64km）によって飛散し，畜産を含む農業生産に，さらに人々の健康に甚大な被害（特に肺炎による死亡）を与えた事態である。最も深刻な被害を受けた地域は，南北 640km 東西 480km，9,700 万エーカーにおよぶコロラド南東部，ニューメキシコ北東部，カンザス西部，そしてテキサスとオクラホマのパンハンドル地帯であった。カンザス南西部，オクラホマとテキサス・パンハンドルでは，1935 年 3 月には 20 日以上も砂塵が吹き荒れた[55]。

　ダスト・ボウルという用語を新聞紙（*Evening Star*）上で生むことになった砂塵漂流（dust storm）自体は，大平原南部を襲った 1935 年 4 月 14 日のブラック・サンデー・ストームが最も知られている。だが旱魃，

---

　52)　馬場『アメリカ農業問題の発生』14・15 表；保志恂『戦後日本資本主義と農業危機の構造』（新装版）御茶の水書房，1990 年，372 ページ。

　53)　藤原辰史『トラクターの世界史』中公新書，2017 年，62-63 ページ。

　54)　USDA, *The Dust Bowl: Agricultural Problems and Solutions,* 1940, p.14; R.D. Hurt, *The Dust Bowl, an Agricultural and Social History,* Nelson-Hall, 1981, p.24.

　55)　Hurt, *The Dust Bowl,* p.2; J.A. Lee and T.E. Gill, Multiple Causes of Wind Erosion in the Dust Bowl, *Aeolian Research,* 19, 2015, p.19.

強風による土壌表土の飛散自体は，大平原ならびにカナダ・プレーリー地帯でそれ以前から起きていた。さらにそれ以後のものを含めて30年代に多発した。ダスト・ボウルは，頻繁な旱魃と環境条件への配慮が不十分な農業生産の急速な進行という，自然的ならびに人為的要件が重なった結果であった。

降雨量，収穫量，連邦政府からの救済補助額などの指標から見て，ダスト・ボウルの最も深刻な被害は，モンタナ，両ダコタの春小麦地帯とカンザス，オクラホマの冬小麦地帯に集中した。第5章で検討する，カンザス州南西部での小麦作付面積のエーカー当たり平均収穫量は，1933-37年には3ブッシェル以下，うち2/5は1ブッシェル以下であった。種子用小麦も得られなかった[56]。

旱魃による収穫の激減は，29年以降の価格大暴落に襲われた農業経営の苦境を加重し，スタインベック（John Steinbeck）の小説『怒りの葡萄』が描いた大量の農家離散を，テキサス北西部，オクラホマ北西部，カンザス西部をはじめ大平原西部地域で生み出した。大平原委員会報告『大平原の将来』（1937年）の発表に際してルーズベルト（Franklin Roosevelt）大統領の演説が示したように，恐慌と旱魃は，大平原の厳しい状況を強めたにすぎない。この状況は，「入植時の情報と理解の欠如」のために半乾燥地帯に湿潤な地域での農業実践を持ち込んだことによる，「気候条件に適応しない農業経済の衰退」の結果であった[57]。

『土壌と人間』と題した1938年の農業年次報告はこう指摘する。全体として平坦な地形で風雨を遮る森林の少ない大平原地帯では，過度に粗放的な土地利用が繰り返され，また収穫によって失われた植物栄養分の返還が無視されたことで，土壌資源の劣化と生産性の低下が生じ，さらに風食（wind erosion）・水食（gully erosion＝降雨による土壌流失）による土壌浸食の加速化がいっそうの土壌喪失を生むという深刻な問題が生じ，大平原地帯の半分が深刻な被害を被った，と。

風食状況調査の結果では，固有表土の75％以上が喪失という重度の

---

56) Works Progress Administration, *Areas of Intense Drought Distress, 1930-1936,* 1937, pp.33-34; Hurt, *The Dust Bowl.* p.91.

57) *The New York Times,* Great Plains War on Droughts Mapped for Action by Congress, 11 February 1937, p.1.

浸食状態にある地点は大平原地帯に集中しており，とりわけ表土部分に存在する比重の高い窒素とリンの成分喪失補給の必要が指摘される。しかも，風によって飛ばされる距離が短く近隣に砂丘状に堆積する土壌の肥沃度に比して，遠く離れた地点にまで飛散する土壌の肥沃度は 10-20 倍も高い。肥沃度の高い土壌は遠隔地に拡散されるが，肥沃度が低く耕作に不適な土壌が近隣に滞積した。浸食による肥沃度低下は，化学肥料を多投しても回復はきわめて困難であった[58]。

　カナダでの 1920 年代の小麦作付面積は，20 年からの価格下落にもか

---

58)　USDA, Soil & Men, 1938, pp.84-85,89,93,102,590-91,595. 量的には水食による土壌喪失が重要である。水食とは，降雨が地面を流れて地表を流去させ，それがリル（rill）と呼ばれる小規模水路（雨溝浸食）を作り，さらにガリー（gully）と呼ばれる地表を大規模に（溝の幅が 30cm 以上，深さが 60cm 以上）削った沢状の形状（地隙浸食）を生む（勝見尚也「乾燥地における土壌劣化」岡崎正規編『土壌環境学』朝倉書店，2020 年，139 ページ）。地域的には，風食の被害は大平原地帯とその以西が中心であるが，水食の被害が顕著なのは綿・トウモロコシ・煙草地帯である（Soil & Men, pp. 93,583f,593）。

　後に合衆国土壌浸食局（the Soil Erosion Service）の初代局長に就任し，土壌保全事業を推進したベネットの『土壌浸食，国民的脅威』（H.H. Bennett with W.R. Chapline, *Soil Erosion: A National Menace*, USDA Circular, no.33, 1928）は，水食による被害の大きさを強調し「土壌保全は長期にわたる洪水制御システムの重要な付属者であるべきだ」（p.17）と述べた。風食被害の大きい小麦作地での土壌浸食量は水食被害が顕著なトウモロコシ作地，綿作地の 1/9-1/4 であった（Soil & Men, p.595）。ダスト・ボウルが吹き荒れた 1934 年においても，合衆国での土壌喪失のうち風食によるものが 2/5，残りは主に水食によるものとされた。Donald Worster, *Dust Bowl; The Southern Plains in the 1930s*, Oxford University Press, 2004（1st ed., 1979），p.213.

　ただし水食と風食とは全く別のものではない。『タイムズ』紙の 1937 年の二つの記事（*The Times*, Fighting the Flood, 29 January 1937, p.15;The American Soil, 4 June 1937, p.17）が指摘するように，1936 年夏の旱魃に続いてオハイオ川，ミシシッピ川で生じた冬季の洪水を目の当たりにして，アメリカ世論は，「再発する旱魃と洪水は一つの問題の両面である」ことを理解した。湿地の排水，林地の伐採，過剰耕作と過剰放牧による植生の破壊が，雨と風による土壌浸食を生み出している点で，両者には共通の要因が存在する。土壌浸食は洪水増加への道を拓いた（Soil & Men, p.105）。

　『タイムズ』紙の 1936 年の別の二つの記事はこう記していた。合衆国はこの 4 年の間に 3 度の旱魃に襲われた。旱魃は「破壊的な洪水」と「〈ブラック・ブリザード〉と呼ばれる大規模な砂塵」を生み出した。「アメリカはこの 1，2 世代による自らの行為で自ら〔の国土〕を無防備にした」。土壌を覆う植生の「見境のない収奪」によって，激しい降雨は土地に吸収されず，「洪水の危険」は増した。風が運んだ表土が雪解けで高地から流され沈殿し，下流で被害を増した。さらに洪水とともに沃土に含まれる可溶性塩分は流される。「アメリカがその防備を再建するためには，農業による収奪という政策全体を転換しなければならない」。*The Times*, The Floods Subside, 25 March 1936, p.17; From Prairie to Dust, 10 July 1936, p.10.

かわらず，10年代のそれのほぼ2倍という高い水準を維持した。小麦生産量も7割増であった。総輸出額に占める小麦輸出額の割合が上昇を続け，20年代には3割以上を占めるに至ったカナダでは，小麦価格が低下しても直ちに生産を減少するのは困難であった[59]。プレーリー地帯の農業所得に占める小麦収入の割合は，20年代後半で7割と高く，最大の小麦生産量を誇るサスカチュワン州では8割を占めた。作付地面積の2/3が小麦であった。サスカチュワンでは農業所得が州総生産額の6割を占めていたから，州全体の産出額の半分が小麦収入ということになる。1926-30年にはカナダの畜産，酪農などを含めた全農家現金収入の37.8％が小麦から得られた[60]。

ブリットネルの著書の題名にあるように，まさに『小麦経済』という表現が相応しい。全体としてプレーリー地帯では，事実上単作システムの下で小麦が主要穀物として生産され続けた。またプレーリーにおけるトラクターの台数は，20年代に38,500台から81,700台と2倍以上に増加している。合衆国と同じく，機械化が小麦作付面積の増加を支えた[61]。

カナダでの小麦作付面積は，29年の価格暴落とその後の価格低迷を経ても減少しなかった。1928年に2,316万エーカーと最高値を付けた作付面積は10年後の38年でも2,495万エーカーであり，30年代には大きな変動はない。ただし30年代の安定的な作付面積にもかかわらず，生産量の変動はきわめて大きかった。最大生産量を記録した28年には6,808万クォータであったが，37年には旱魃と胴枯れ病の影響で1,960万クォータと大きく落ち込む。作付面積当たりの収量は28年には23.5ブッシェルであるが，37年には6.4ブッシェルと30年代平均の約半分である[62]。面積当たりの収量の大きな変動は，カナダでの小麦生産が天

---

59) Solberg, *The Prairies and the Pampas,* p.190; Wright with Davis, Canada as a Producer and Exporter of Wheat, p. 284; Magnan, *When Wheat was King,* p.35. 20年代には，西部3州では鉄道施設が延長されて新規入植者も増大した。Fowke, *The National Policy and the Wheat Economy,* p.81.

60) W.M. Drummond and W. Mackenzie, *Progress and Prospects of Canadian Agriculture,* Royal Commission on Canada's Economic Prospects, 1957, p.13.

61) Britnell, *The Wheat Economy,* pp.33,41,48.

62) D.A. MacGibbon, *The Canadian Grain Trade 1931-1951,* University of Toronto Press, 1952, pp.6,7. 1920年代の年平均小麦生産量は4,375万クォータ（エーカー当たり17ブッシェ

候によって大きく左右される半乾燥地帯に集中していたことを物語る。

　小麦収穫量の減少と価格低下は小麦生産に依存する農家所得を激減させた。一方，農業用具・機械価格はほとんど低下しなかった。サスカチュワン農家の小麦販売金額は，1925 年には 2 億 8,500 万ドルであったが，31 年には 4,400 万ドル，そして 37 年には 1,800 万ドルに激減している。小麦販売額の激減は農家を窮迫状態に追い込んだ。こうした状態をカナダ銀行はこう表現した。「近代的文化生活水準を維持しようとしている世界の行政機関のなかで，〔小麦という〕ひとつの商品の生産と販売にこれほどまでに全面的に依存しているところは他にない」，と。1931-41 年の 10 年間でプレーリー 3 州の 25 万人が州を離れた。これは 1870 年以降初めての，人口の流れの逆転であった。サスカチュワンでは 30 年代後半，総人口自体が減少する[63]。

　旱魃の影響もあり，1930 年代を通してみれば，ようやくカナダの小麦生産量は大きく減少する。1926-31 年度から 1932-38 年度にかけて年平均 5,375 万クォータから 3,649 万クォータへと 30％以上も減少した。小麦価格暴落に伴い国内生産制限も実施された。20 年代には，その高い品質から「小麦はかならず売れる」とされたカナダ小麦生産者も，世界恐慌の中で生産・輸出の減少と深刻な不況に見舞われた。小麦輸出量も 1926-31 年度の年平均 3,503 万クォータから 1932-38 年度の 2,327 万クォータへと，在庫比率を大幅に高めながら生産減に見合う輸出減を示した。「悲惨な 30 年代の結果，〔カナダ・プレーリー地帯の〕小麦経済は甚だしい後退を被った」。それでも 1935-39 年の全農産物輸出の 45％を小麦が占めた[64]。

　ところがその一方で，カナダ小麦のイギリスへの輸出量は，1926-31 年度の年平均 798 万クォータから，オタワ協定によって帝国小麦に特恵が与えられた 1932-38 年度の 1,023 万クォータへと増加した。これはカナダ小麦にとって重要な市場であった大陸ヨーロッパのデンマーク，

ルの収量）であったが，旱魃とダスト・ボウルが吹き荒れた 1933-37 年では 2,875 万クォータ（同 9.5 ブッシェル）と大きく低下する。Friesen, *The Canadian Prairies,* pp.387-88.

　63）Fowke, *The National Policy and the Wheat Economy,* p.101; Britnell, *The Wheat Economy,* pp.69,71; Friesen, *The Canadian Prairies,* p.388.

　64）Britnell and Fowke, *Canadian Agriculture in War and Peace,* p.73; Drummond and Mackenzie, *Progress and Prospects of Canadian Agriculture,* p.14.

オランダ，ベルギー，ノルウェーへのドイツの侵略がもたらした影響でもあった。イギリスの小麦輸入に占めるカナダの割合は 1926-31 年度は 30％であったが，1932-38 年度には 40％に増加する。オタワ協定以降，カナダ小麦は世界への輸出量を減らす一方で，イギリス市場への依存を量ならびに割合の両面で高めた。

　他方で，1930 年代に合衆国からイギリスへの小麦輸入は大きく減少した。特に 32-38 年度は，英国の合衆国からの小麦輸入量はカナダからのそれの 1 割以下である[65]。合衆国内での土壌浸食と旱魃，そして農業調整法（the Agricultural Adjustment Act）による小麦作付制限，さらには土地保全法（the Soil Conservation and Domestic Allotment Act）による小麦作付からの転換は，小麦生産量の減少と英国市場でのアメリカ産小麦輸入の大幅減退をもたらした。カナダ小麦が——さらにはオーストラリア小麦が——アメリカ小麦の英国への輸出減少を埋め合わせた。合衆国小麦生産高に占める輸出量の割合は，第一次大戦を経ていったん上昇し 1920-24 年には 31.6％であったが，世界大恐慌後から再び低下を続ける。37 年までは 10％以下で，1935-39 年には 8.3％である[66]。

　しかしカナダ小麦の英国への輸出数量の増加は，英国市場への輸出金額の大幅低下を伴った。カナダ産小麦の英国市場への年平均輸出額は 1920 年代後半には 1 億 700 万ドルであったが，30 年代後半にはその輸出数量の増加にもかかわらず，小麦価格の低下によって 5,700 万ドルとほぼ半減した。小麦価格暴落を受けて 1931 年に相次いで開かれた国際小麦会議と国際小麦協定も価格安定実現に失敗した。苦境の中でカナダ小麦農業者が頼りにしたイギリスも，自らの国際収支悪化の中で安価な食料という市場原則の強化を余儀なくされた。

　R. ホランドの研究が言うように，「1931 年夏以降，〔農産物価格低下を通じた〕カナダの穀物生産者，オーストラリアの果実農家，ブラジルのコーヒー生産者を犠牲にしてかき集られめた〔国民の〕生活水準の実

---

65) Mitchell and Deane, *Abstract of British Historical Statistics*, p.102.
66) H. バーガー，H.H. ランズバーグ『アメリカ農業の成長分析』馬場啓之助監修・山口辰六郎訳，東洋経済新報社，1957 年（原著 1942 年），21-22，45 ページ；木村康二『アメリカ土壌侵食問題の諸相』農林統計協会，2000 年，55 ページ。

質増加によって，〔イギリス〕挙国一致政府は支えられた」[67]。

　オーストラリア出身の帝国史家 W.K. ハンコック（W.K. Hancock）は，イギリス本国の市場（需要）が帝国諸国の貿易（輸出）ニーズを吸収できないという事態を「帝国内自足不能 Imperial Self-insufficiency」という言葉で表現した[68]。この言葉で帝国特恵の無用が強調された。ハンコックが言うように，世界的小麦過剰と小麦価格暴落という状況下で，小麦輸出国カナダの生産能力は小麦輸入国である英国市場の需要を超過していた。一方小麦輸入国イギリスの立場から見ると，輸入小麦価格の低落が貿易収支の安定に寄与しただけでなく，小麦供給源の確保が結果的に安定化（容易化）したことも事実である。

　ホランドが上記論説で強調したように，第一次大戦までに形成されたイギリス－カナダ間の「帝国通商の協調」という絆は，大恐慌の中で変質した。イギリスは，ヨーロッパをはじめとする各国の農業保護政策によって小麦の販路が閉ざされると，輸出国の安価な余剰小麦がイギリスの港に溢れかえるという現実を目の当たりにした[69]。小麦輸入国イギリスは輸出国の経済的窮乏の中で経済的負担の軽減という恩恵に与った。帝国からの小麦輸入比率が84％とピークに達した1936年には，カナダからの輸入が57％，オーストラリア23％，インド4％を数えた[70]。それはケインズが豪語したイギリス資本と，カニンガムが強調したイギリス移民労働者とが生み出した成果でもあった。しかしこの事態は同時に，小麦輸出国カナダの輸出国としての安定を破棄することでもあった。

　30年代後半には次の戦争の切迫という時代状況の中で，最大の食料輸入国イギリスにとっては，食料確保が重大関心事になる。ケインズは，大戦前年1938年8月19日の英国学術協会経済部会で「食料なら

---

　67) R. Holland, Imperial Collaboration and Great Depression: Britain, Canada and the World Wheat Crisis, 1929-35, *Journal of Imperial and Commonwealth History*, vol.16, no.3, 1988, p.124; T. Rooth, Retreating from Globalisation: the British Empire/Commonwealth Experience between the Wars, history.uwo.ca / Conferences/trade-and-conflict/files, 2010, [p. 12] ; A.E. Safarian, Foreign Trade and the Level of Economic Activity in Canada in the 1930's, *Canadian Journal of Economics and Political Science*, vol.18, no. 3, 1952, p.337.

　68) W.K. Hancock, *Survey of British Commonwealth Affairs, Vol.2: Problems of Economic Policy 1918-1939, Part 1*, Oxford, 1940, p.266.

　69) Holland, Imperial Collaboration and Great Depression, pp.123-24.

　70) de Hevesy, *World Wheat Planning*, Appendix 12.

びに原材料の政府備蓄政策」を発表する（ただし代読。後に『エコノミック・ジャーナル』誌（1938年9月）に発表)。そこでは，帝国産小麦を含む特定原材料を英国内保税倉庫に搬入することを条件に，倉庫料と利子を無料もしくは名目的費用でそれらを保管することが提案された。これは「戦争に対する保険」という目的のために安定した在庫を持つという「国防のための有用な手段」となることを意味した。

　ケインズはこの論説に付して米農務長官ヘンリ・ウォーレス（Henry Wallace）に送った手紙でこう記した。小麦価格低落の中では，米・加・英三国政府の間での「適当な割合の北米余剰小麦を各政府による相応の費用拠出を通じてイギリスに移すための協調計画は，われわれすべての目的に適う」，と。もちろんケインズは，「この方策が，最低の費用で見事にわれわれの戦争準備となる」ことも忘れていない[71]。

　翌8月20日の『タイムズ』紙は，ケインズの提案を食料・原材料の在庫保持のために「商品保有者にとってイギリスを世界で最も安価な場所にする」と同時に，「戦時においてはわが国に保管されるこうした備蓄は金鉱以上に有用である」と報道した。同紙はケインズ提案の記事と同じ紙面に並置して，同時に開かれた学術協会農業部会での土壌浸食に関するスタプルドン（R.G. Stapledon：王立協会フェロー）教授の発言も報道した。スタプルドンはこう述べている。内外を問わずこの幾十年間の農業における「〔特定〕商品への行き過ぎた集中」は，輪作の軽視を生みその結果土壌に含まれる石灰とリンがますます欠乏しつつある，と。そして彼は戦争という非常事態に対処するうえで，国内農業人口減少に加えて，「豊富で安価な食料供給源としてわれわれが依存してきた国々の土壌浸食と土壌消耗の影響」に懸念を示した[72]。

　30年代世界恐慌下の農産物価格低落の背後で進行しつつあった世界的土壌浸食問題は，食料輸入国イギリスでも認識されつつあった。それ

---

　71) Keynes, The Policy of Government Storage of Foodstuff and Raw Materials, 1938, in *Collected Writings of Keynes*, Vol. 21, 1982, pp.465, 470. 舘野敏他訳『全集21巻』533, 538ページ；Letter to Wallace（30 August 1938），*ibid.*, p.476. 同上訳，546ページ；国防調整大臣インスキップ（T. Inskip）への手紙：Letter to Inskip（23 August 1938），*ibid.*, p.472. 同上訳，540ページ；服部『穀物の経済思想史』354ページ。

　72) *The Times*, Britain as the World Storehouse: Place of Agriculture in National Security, 20 August 1938, p.15.

は，とりわけ19世紀後半以降アメリカ大陸や世界の新国への穀物をはじめとする食料依存を強めて来た，イギリスならびにヨーロッパ諸国が世界の食料輸出国に課した代償であった。

『ラウンド・テーブル』誌の論説「帝国のダスト・ボウル」(1939年)は，その代償を生み出した主体をこう的確に表現した。「北米の中西部プレーリー，南米のパンパス，オーストラリアの小麦地帯を制覇した人々は，小麦その他食料の氾濫をもたらし，19世紀世界人口に未曾有の消費を可能にした。だが彼らは真の意味での農業者ではほとんどなかった。彼らは，未開拓の土壌に長らく蓄積してきた肥沃性というものの採掘者にすぎなかった」，と[73]。

5　ダスト・ボウル

ダスト・ボウルに関する優れた研究書であるドナルド・ウォスター (Donald Worster)『ダスト・ボウル：1930年代南部プレインズ』(1979年) は，30年代ダスト・ボウルと29年大恐慌とに共通する要因として，20年代アメリカ社会の高生産・高消費を生み出した資本主義文化の，都市ならびに農村での担い手たちの心性（エトス）の問題性を指摘する。都市に関しては利益第一主義の経済的エトス，農村に関しては「自然の秩序に対する徹底した合理的かつ意図的な無関心」として現れる環境（無視）的エトスがそれである[74]。

私は，ウォスターの言うアメリカ資本主義文化を生み出した歴史的起源とその根本要因を，とりわけ19世紀後半以降のイギリスの小麦輸入

---

[73] *Round Table,* Dust Bowls of the Empire, vol.29, no.114, 1939, p.340; Hannah Holleman, *Dust Bowls of Empire; Imperialism, Environmental Politics, and the Injustice of "Green" Capitalism,* Yale University Press, 2018, p.48.

[74] Worster, *Dust Bowl; The Southern Plains in the 1930s,* Oxford University Press, 1979, p.95.「ダスト・ボウルの文化的根源を理解するには，1910年代後半ならびに20年代の大平原の農村社会を精査することから始めなければならない」と問題を提起したウォスターは，第一次世界大戦によって大平原農業者がかつてないほど徹底的に国民経済――銀行，鉄道，製粉所，農業用具製造業者，エネルギー会社――に，さらに国際市場システムに統合された現実を強調する。Worster, The Dirty Thirties: A Study in Agricultural Capitalism, *Great Plains Quarterly,* 1986, pp.110-11.

の増大＝食料供給源の外部化の進展という歴史的環境の中において考えたい。アメリカを含めカナダなど新世界からの食料輸入依存は，輸出国と輸入国の間に，特に前者の農業者と後者の消費者の間に意識の格差，別言すれば輸出国農業者の抱える問題に対する輸入国消費者の無関心を生むことになった。第一次大戦，そして30年代の世界恐慌を経て，輸入食料依存が食料の安定的供給に成功すればするだけ，輸入国消費者は輸出国農業者の生産現場への関心を低下させた。

　ダスト・ボウルは合衆国大平原地帯のみならず，カナダ・プレーリー地帯をも襲った。カナダ・プレーリー地帯のアルバータならびにサスカチュワン州南西部（パリサーズ・トライアングル）の「ドライ・ベルト」では，1917年以降旱魃が頻発し，20年代においてすでに小麦単作経営は破綻し始め，牧畜に（再び）取って代わられつつあった。20年代初めには「ドライ・ベルト」への入植の失敗が明らかになり，その後農業人口は減退の一途をたどった。30年代の大旱魃のなかで「西部カナダの悲劇」，「西部入植の記念碑的大失敗」と評される事態をもたらした。特に厳しい旱魃に襲われたアルバータ州では，農村人口は1921年の26,000人から20年後には11,800人と半分以下に減少した[75]。『タイムズ』紙（1934年8月31日）は，遊牧民族時代の大移動に比せられる大規模な人口移動の最新例として，厳しい旱魃に見舞われたカナダ・プレーリー地帯での，4万世帯にも及ぶ小麦生産農家の移動計画を報じている[76]。

　1937年8月18日付の『タイムズ』紙は「カナダの〈ダスト・ボウル〉：旱魃に襲われたプレーリー」と題し，「過去の代償」と中見出をつけた記事（筆者 Sir Evelyn Wrench：『スペクテーター』誌編集者，英語国民同盟の主張者）を掲載した。そこでは，南サスカチュワンならびに南東アルバータ州での果てることなく続く表土を消失した大地と旱魃で未生育の作物状況が伝えられ，以下のように記される。

---

75)　その後アルバータ州政府は，厳しい旱魃に晒される特別地区の小規模小麦農家を大規模牧場農家に切り替え，人口減少をむしろ推進する政策を行った。G. Marchildon, Institutional Adaptation to Drought and the Special Areas of Alberta, 1909-1939, in *Drought & Depression*, pp.52-54,55-60.

76)　*The Times,* Escape from Drought, 31 August 1934, p.11.

西部3州の人口が4倍以上に急増した1905年から36年の期間は，「過度の楽観主義と自然法則無視の傾向」が広まった時期であった。この自然法則とは，乾燥地帯では旱魃がおこれば不作が不可避であるという現実である。1928年にはサスカチュワンだけで4,000万クォータ余の小麦が生産されたが，今年の収穫予想は1,000万クォータ以下である。大恐慌後の不作期にギャンブラーのように来年は好転すると信じつづけた楽観主義者は，今やサスカチュワン史上最悪の年である「カナダの『ダスト・ボウル』」に直面している。サスカチュワン州の南部地方全体は「事実上，砂漠地帯」化している。半乾燥地帯にあるプレーリーの広大な草地が開墾され小麦作が行われたことで，「植生減少に起因する水分蒸発の増加」が旱魃という自然現象と相まって，「土壌漂流と土壌浸食」を生みだした，と[77]。

　同じく1938年1月21日付の『ガーディアン』紙は，「カナダ・プレーリー地帯：土壌浸食，ドライ・ファーミングの破滅的結果」という記事（筆者　Stella W. Alty）で，サスカチュワンでは砂礫で足首が埋まり，土壌が砂嵐となって舞い上がる状況を伝える。それは，ドライ・ファーミングがもたらした土壌粉状化の結果である。ただし「旱魃が土壌漂流問題のすべての要因ではない」。ドライ・ファーミングによる1年ごとの耕耘と栽培，そして夏季休閑中に植生のない土壌が太陽に曝されることが問題の根底であり，旱魃は土壌漂流の引き金にすぎない。「この〔土壌浸食の〕最も深刻な特徴は，貴重な表土が全面的に失われることであり，……〔それは土壌の〕肥沃性が永久に失われることを意味する」。この記事は，ダスト・ボウルの原因の自然性（旱魃）ではなくて自然状況を無視して小麦単作農業を推進する人為性を強調する。筆者はさらに，土壌漂流と浸食が，カナダに限らず合衆国，オーストラリア，アフリカをはじめ世界各地で起こっていることに，注意を促している[78]。

---

77)　Evelyn Wrench, The Canadian "Dust-Bowl", *The Times,* 18 August 1937, p.11.

78)　*The Guardian,* The Canadian Prairies: Soil Erosion, The Ruinous Effects of Dry-Farming, 21 January 1938, p.11. ダスト・ボウルが吹き荒れた〈汚れた30年代〉は第一に，自然の所産ではなくて人間の所産だった」。また「北米大平原で，現代世界の定義するエコロジーとエコノミーの間の衝突の一つが起こった」。Worster, *Dust Bowl,* pp.13,248.

北米に限らず，土壌浸食問題が世界的現象であることは，世界最大の食料・原料輸入国であり，植民地帝国であった[79]——むしろ食料・原料輸入帝国であるがゆえに，と言うべきであろう——イギリスでは1930年代において広く認識されるようになる。『王立帝国協会誌』（1935年）に掲載されたワトソン（G.C. Watson）「帝国における浸食」は以下のような深刻な文章ではじめられた。

　　「今日世界中の帝国領域にある幾百万エーカーの土地が，制御不能の〔土壌〕浸食圧力で崩壊の危機にある。多くの所で広大な土地がその固有の肥沃性を失いつつある。また他の所では，かつては豊かであった広大な領域がすでに砂漠に変わってしまった。さらに多くの領域が〈そうなりつつある〉」。「帝国の将来を重んずるすべての愛国者は，将来世代のために浸食防止と土地保全という問題に関心をもたねばならない」[80]。

　前述の『ラウンド・テーブル』誌の論説「帝国のダスト・ボウル」も，合衆国だけではなくカナダ，オーストラリア，アフリカ各地の土壌浸食の深刻さに注意を喚起し，特にアフリカ固有の困難——原住民の原始的農業慣行と移民によるトラクターや農業機械に依拠する農地開発とがもたらす土壌浸食——の解決のためには，本国植民地省と現地政府・官僚との協力が不可欠であると訴えた。この論説の著者にとって

　79）「世界人口の3％に満たないイギリスは，1930年には，世界のベーコン・ハム輸出の約99％，卵の96％，牛肉の59％，チーズの46％，羊毛の32％，小麦・小麦粉の28％を受け入れた」。K.A.H. Murray and R.L. Cohen, *The Planning of Britain's Food Import,* Oxford, 1934, p.5；「今日，英帝国は巨大な農業帝国 agricultural Empire であり，イギリスがその市場・金融の中心である。英帝国以外にもアルゼンチンはイギリスの大金融植民地である。カナダ，南アフリカ，オーストラレイシアは，世界最大の食料・原材料市場である英本国市場への販売において，相互にまたアルゼンチンと競い合わねばならない。自治領・従属領の繁栄は，長期的にはイギリスの繁栄次第である」。L.C.A. Knowles, *The Economic Development of the British Overseas Empire,* vol.2, London, 1930, p.36；ノールス『英国植民地経済史』第1巻（野村兼太郎・岡倉古志郎訳）有明書房，1943年，435ページ。

　80）Watson, Erosion in the Empire, *The East African Agricultural Journal,* vol.1, no.4, 1936, pp.305-06. オーストラリア南部小麦地帯でも，ダスト・ボウルは1920年代終わりから40年代初めにかけて起こり，ニュージーランドを含め土壌保全事業が実施された。G.T. Cushman, *Guano and the Opening of the Pacific World,* Cambridge University Press, 2013, pp.130f.

は,「土壌漂流の例は, すべて人間の作用に起因すると言っても過言ではない。……人間こそがわれわれが現にかかわっている問題の犯人である」[81]。

ワトソンの文章に示された土壌浸食に対する切迫した危機感の背景を, 当時ウガンダの現地官僚は, 後年以下のように回顧している。「1930 年代には, 土壌浸食の脅威と土壌保全として知られるようになる一連の浸食防止技法の発展とが世界規模で認識されることで, 農業に関する思考に新たな要素がもたらされた。この動きはアメリカ合衆国で始まった。合衆国での 1935 年連邦土壌保全法の成立が, 農業に対する世界の見方に広範な影響を与えた。イギリスでは 1939 年に, …ジャックスとホワイト…の『大地のレイプ』と題する著作が出版されて深い影響を与えた」, と[82]。

6 『大地のレイプ』

『大地のレイプ：世界土壌浸食調査』(G.V. Jacks and R.O. Whyte, *The Rape of the Earth: A World Survey of Soil Erosion*, Farber and Farber, London, 1939. 本書からの参照個所は本文中に記す) は, 1930 年代に再び戦争の脅威が高まる中, イギリスで高揚した土壌浸食への危機意識の象徴的表現と目される書物である。

土壌・地質学が専門の著者たちの書物を取り上げる理由はこうである。本書は, 一方では, 現在格別の土壌浸食状況にはない食料輸入国イ

---

81) *Round Table,* Dust Bowls of the Empire, op.cit., p.343.

82) G.B. Masefield, *A History of the Colonial Agricultural Service,* Oxford University Press, 1972, pp.68-69; Cf. D. Anderson, Demography, and Drought: the Colonial and Soil Conservation in East Africa during the 1930s, *African Affairs,* vol.83, no. 332, 1984, pp.326-27.

30 年代に至るイギリスでの環境問題への意識の高揚については, 水野祥子『エコロジーの世紀と植民地科学者』名古屋大学出版会, 2020 年, 第 4 章を参照。水野はアメリカ連邦政府への報告書『大平原の将来』(*The Future of the Great Plains,* 1936) をとりあげ, イギリス植民地科学者の世界規模での環境危機意識と対比して,（この報告書を含めて）合衆国の科学者の多くがダスト・ボウルを基本的に合衆国一国の脅威として認識していることを指摘する。本書の課題から付言すれば, 穀物輸出国と輸入国の双方を見る視点が, 以下に検討する穀物輸入国地質学者の著作『大地のレイプ』には存在する。

ギリスが現在の食料輸出国の形成に深く関与しており，他方で，最も深刻な土壌浸食状況にある（合衆国を含む）多くの新国が，イギリス資本と移民労働力の輸入の基礎の上に食料輸出国として形成されたという歴史的現実を，世界的土壌浸食問題の基本に置いているからである。

『大地のレイプ』は，〈穀物輸入国と輸出国の関係〉を歴史的に考えるうえで逸することができない著作である。著者の一人ジャックスは，1920年代にロザムステッド（Rothamsted）農業試験場から研究歴をはじめ，帝国土壌科学局局長に就任した。ホワイトは帝国牧場糧秣局に属する技官である[83]。

この著作は，「今日，大地の薄い天然の被覆が破壊されつつある。この破壊は，史上例を見ない速度と規模で進行中である。この薄い被覆——土壌——がなくなれば，以前は肥沃だった地域が人も住めない砂漠になるだろう」（p.18）と，世界的土壌浸食の広がりへの危機意識を表明する。しかも著者たちの危機意識は，土壌浸食の拡大と悪化という現実にもかかわらず，多くの人々がこの現実に無自覚であるというもう一つの現実によって，さらに強められる。

　「今日，都市住民は土地の上で起こっていることに実際のところなんの影響も受けていない。砂塵が北米の小麦収穫を破滅させても，ロンドンの人々は他の場所での生産余剰や以前からの繰越でパンを得ている。……都市住民は土地に対してはせいぜい生嚙りの関心を持つだけである。文明安定の基礎をなす自然の微妙なバランスは彼らにはどうでもよい。なぜなら彼らは自然を完全に征服し，日常生活の流れの中では自然から絶縁しているからである」。特に合衆国西部のスーツケース・ファーマーに代表される短期の農場経営請負人に見られるように，農業者もまた土壌との日々の接触を失っている。彼らの主な関心は「土地の上で生きるのではなくて土地を食い

---

83) 本書の前身は，Jacks and Whyte, *Erosion and Soil Conservation,* Bulletin no.25 of the Imperial Bureau of Pastures and Forage Crops, also Bulletin no.36 of the Imperial Bureau of Soil Science として1938年3月に発表されている。また合衆国では『消失する土地』（*Vanishing Lands: A World Survey of Soil Erosion,* Doubleday, Doran & Company, New York）という題名で，1939年に出版されている。本文は『大地のレイプ』と同じであるが，米国版では，英国版にはあった写真のうちの幾つかが省略されている。

荒らして生きる」ことなのだ（pp.281-82）。

　こうした二重の現実（土壌浸食とそれへの無関心）を生み出した歴史的原因は，ヨーロッパ（特にイギリス）から新国への資本輸出とそれに対する新国からの食料輸出という形をとった土壌輸出にある。著者たちは，それを旧世界の金融資本と新世界の土壌との交換――「金融資本と土壌の大規模な交換」――と表現する。

　「近年の土壌浸食加速化の主な経済的原因は，地域・政治的境界を越える資本移動と土壌肥沃性でのそれへの支払いである」（pp.210-11）。この交換がもたらしたものは，（上の二重の現実のうちの後者に帰結した）ヨーロッパでの自国土壌に負担をかけずに確保した豊かな食料であり，（二重の現実の前者である）新国での食料を生み出す源である土壌肥沃性の劣化である。

　本書の評価すべき点は，土壌・地質学の専門家の見地から，食料輸出という形をとった土壌輸出が新国での深刻な土壌浸食をもたらすプロセスを明らかにしたことに加えて，食料輸入国イギリスの消費者に存在する，そうした新国の現実に対する無関心を鋭く批判していることにある。

　以下の言葉は，19世紀にリービヒが行った穀物輸入国イギリスに対する辛辣な批判の，20世紀における再版である。著者たちは，特に19世紀に始まった英帝国内での工業品と農産物の交換を名指ししてこう記す。「19世紀に急増したヨーロッパ人口の当面の必要が，その究極の結果を返り見ることなく，〔新国での〕新開地の無制限の収奪を強要した。……ヨーロッパは新国が送りえたものをすべて取り去り，新国は〔旧国の〕文明の快適さや国ならびに個人の前進の機会といったものと引き換えに，自らの生き血を喜んで交換した」（pp.27-28. cf.p.283）。

　著者たちは，第一次大戦から1934年までの20年間に，それ以前の人類史全体で失われたよりも多くの土壌が世界から失われた（p.213），と記した。最大の土壌浸食が起きた地域は，北米を中心とする半乾燥地帯であった。「半乾燥地の農業者は土壌肥沃性の最大の輸出者であった」。イギリスをはじめヨーロッパからの移民が合衆国大平原やカナダ・プレーリー地帯で小麦生産農民となり，彼らは土壌になにも戻すことな

く輸出を続けた。そして土壌肥沃度の減退とともに土壌の安定性は失われ、残った肥沃度は「砂塵の雲の中に消え去った」(p.287)。土壌消耗が土壌構造の安定を崩し、続いて土壌浸食が起こった（p.21)[84]。

この結果「最も人口稠密で、最も長期に渡って最も集約的な耕作が行われてきた〔ヨーロッパの〕土地の幾つかでは大量の未利用肥沃性の貯蔵があるのに対して、入植後ほんの数十年しか経っていない新国ではかつては豊かだった膨大な量の土地が放棄されて砂漠化しているという、パラドキシカルな状況が生じている」。旧世界が新国の「生き血」を吸う一方、これら新国は「時期尚早の老年化」の様相を呈している（pp.282-83)。

著者たちは、ヨーロッパからの移民が特に半乾燥地帯の新国で深刻な土壌浸食をもたらした根柢の原因とプロセスを、以下のように説明する。

西ヨーロッパでは、元来は森林であった褐色土地を農業用地にするための土壌改造の努力が幾世紀にもわたって遂行された。ヨーロッパでの土地耕作は、三層からなる森林土壌を混合させ、下層土に含まれる自然のままの腐植質を表土の下にあるミネラル土壌と合体させ、最表土の酸性を弱めようとした。土地耕作は家畜飼育と結合され、土壌の酸化を減らすために多量の肥料と石灰が使用された。土壌の団粒構造が徐々に形成され、その肥沃度が高まった（p.99)。こうした努力の結果、西ヨーロッパの土壌はその最も集約化された耕作にもかかわらず、現在深刻な浸食を被っていない。これは、激しい嵐や厳しい旱魃が少ないという気象条件のためではない。元来は集約農業には適さず、土地に加えられた改良に比例してはじめて収益が生まれるという、土壌の肥沃性としては乏しい「自然の森林土壌」という気象・風土条件に、農業を適応させた

---

[84] 著者の一人ジャックスの『土壌』(*Soil*, London, 1954) の記述で補足しておく。土壌浸食の最も普通の原因は土壌肥沃度の低下である。肥沃度低下につれて、土壌はその構造を徐々に失い、土壌の各微片を結びつける腐植質 humus もなくなり、土壌は水分吸収・保水力を失い、こうして構造を失い脆くなった土壌の微片が雨風によって流し去られる (p.181)。

ダスト・ボウルを生んだ現在の旱魃の原因は降雨量減少だけではない。土壌の保水力低下がダスト・ボウルをもたらしている。降雨量のうち植生生育に資する有効降雨量が低下した。土壌構造の衰えは、肥沃性を形成する土壌の物理的・化学的・生物学的特性の悪化を意味している (*Rape*, pp.30, 100)。

結果である（pp.24-25）。

　ところが西ヨーロッパからの移民が，北米の半乾燥地帯で行った農業はまったく逆の結果をもたらした。「西ヨーロッパの人々はその以前からの森林土壌の本源的資本 original capital を増加させ，今日まで土壌枯渇を回避してきた。〔だが〕彼らの〔新世界という〕他国の子孫は，〔土地という本源的〕資本に依拠して生活し，土壌を急速に劣化しつつある」。新世界は，西ヨーロッパの貨幣・財・サービスの形をとった資本の輸入がなければ開発できなかった。流入した資本への支払いとして「土壌資本」が輸出されたが，当初は，土壌資本での支払いは害を及ぼさない手続きだと思われた。肥沃性は「無尽蔵に供給可能な」土壌に存在する植物栄養ミネラルだと考えられたからである。土壌資本の物理的生物学的特質は「容易に消耗し，回復が難しい，はるかに重要な土壌資本の形態」である。だがこのことは，今日に至っても十分には認識されていない（pp.209-10）。

　そもそも北米プレーリーの草地土壌は，ヨーロッパのそれと異なり，農業にとって最も価値ある——豊かで，深く，均一で，通気性と保水力に富み，耕作が容易な——特質を有する団粒構造を有していた。湿潤な気候のヨーロッパ農民が時間をかけて追い求めた団粒構造の土壌は，プレーリーでは彼らの入植前から自然に生じていたのである（pp.97-98）。

　これら草地土壌では，土壌改良の努力をしなくても，自然が作り上げた土壌を開発し使い尽くすことで大きな収穫が得られた。表面的な耕作だけで草地を理想的な農業用地に変えることができた（pp.25,105）。しかしながらプレーリーの草地土壌がその団粒構造を維持するには，自然植生である多年生草の存在が不可欠だった。団粒土壌は，草から得られる腐植質の性質と草の根による土壌分解作用とによってその構造を維持しているからである。

　プレーリーの草地土壌の下層土には石灰が堆積しており，半乾燥地帯特有の暑く乾燥した夏季でも，下層土湿気の上昇によって石灰の一部が表土土壌の酸化を和らげる。草の根が土壌を崩して空気に曝し，団粒構造の維持を助ける。枯れた草の根は腐食し豊かな肥料になる。さらに石灰を吸収した土壌と枯草は，多数の齧歯類とミミズによって土壌深くまで混ぜ合わされる。こうして入植農民が現れるはるか以前から，耕作

作業と施肥とは「自然によって完璧に行われていた」。プレーリーでは，草地土壌はその植物相と動物相とともに「最も安定的な生物学的コミュニティ」を擁していた（pp.98-100）。

ところが，草地土壌を農用地に転換するために，草地が耕されて草が取り除かれ，収穫物に害を与えるかもしれない齧歯類と野生動物が除去された。入植前には肥料の自然の源泉であり土壌を保持する役割を果たしていた要因が除去された。しかも草という地表の被覆が消失してもそれへの補填はほとんどなされなかった。

> 「耕作されたプレーリーに施肥することは不必要，不経済，非実用的であり，〔こうして〕元々あった腐植質の供給は枯渇しつつある。腐植質の内実が低下し，〔土壌〕構造が弱まり，最後には犂によって破壊されると，土壌は乾燥で粉々になり，降雨で泥濘になり……〈人為的な浸食〉が起きる。構造の劣化は，肥沃性を形成する土壌の物理的・化学的・生物学的特性のはっきりとした悪化を意味する。そして土壌が人為的な浸食を被るにつれて，土壌の表面で適切な保護的被覆の役割をする植生の維持がますます困難になる」（pp.99-100）。
> 「自然の植生が破壊されるや否や，最初に驚くべき速さで消失するのが土壌肥沃性である」（p.103）。

地域の性質は変化させられた。入植農民は自然植生の土壌形成機能を奪い去り，自然から見て土壌に最適な植物ではなくて，彼らが必要と考える作物を生産するように土壌を変えようと試みた。彼らの活動が長期にわたって続けられると，土壌構造は根深く変化させられる。この変化によって土壌が不安定化すると，その地域に成立したコミュニティは衰退する（p.104）。

合衆国の多くの地域で採用された農業様式では輪作の欠如がその特徴をなす。多年にわたって連作が行われても，土壌に貯蔵された肥沃性が存続する間は十分な収穫が得られた。だが有機物や草根繊維を土壌に戻す輪作がなされなければ，肥沃性の低下は不可避である。土壌の団粒構造は害され，雨風が浸食の力を活動させる時期に土壌を保護する作物も

なく，浸食が広まった（pp.126,128）。こうして「〔西ヨーロッパの〕湿潤な気候において主に土壌団粒化を進めるために企図され進化した耕作方法が，団粒構造が自然に生まれていた〔北米の〕半乾燥気候においては，団粒構造の破壊と土壌浸食をもたらした」（p.98）。

合衆国では第一次大戦中とその直後に400万エーカーを超える新たな土地が耕作され，高収益をあげて使い尽くされたあげく，今日では，この新入植地の多くが浸食されて使い物にならなくなるか，耕作限界以下の土地になっている（p.25）。

合衆国での「人間が作り出した砂漠 man-made desert」としては，テキサス，オクラホマ，カンザス，コロラド州のダスト・ボウルが有名だが，ここは既存の砂漠が周辺へ拡張した地域ではない。これは，過剰耕作によって土壌の肥沃度が劣化し，半乾燥草地が砂漠のような状態にされたものである（p.173）。大平原で行われた「ドライファーミング・システムでは，緑肥もしくは厩堆肥の形での有機物の施肥は採用できない。緑肥は小麦が必要とする湿気を取り去る。さらに少雨という条件の下では，緑肥作物や有機物も分解しない。その結果，穀物作物は〈酸化〉し，収穫は得られない」（p.182）。

しかも第一次大戦後に，合衆国では自営農家に比した借地経営の割合が増加した。農産物価格低下による抵当負債の重荷と規模拡大のための資本装備の負担とが，自営農家の没落を促し（短期の収益獲得を目指すスーツケース・ファーマーに代表される）借地経営を増加させた。こうして土壌の肥沃性の維持を無視した，最大限の換金作物栽培が強制され，土地の肥沃度は低下した。土壌肥沃度の低下が土壌浸食を進行させて農地の価値を引き下げ，それが抵当負債の負担を増し，農場売却をもたらすという「悪循環」からの脱却がますます困難になっている。「資本主義はヨーロッパの湿潤森林土壌では驚くべき成功をおさめたが，アメリカのプレーリー土壌にとっては悲惨な遺産となった」（pp.233-35）。

以上のように，新国での土壌浸食の原因を，旧世界の金融資本と新世界の土壌肥沃性の交換ととらえた著者たちは，土壌浸食防止のために以下のように議論を展開する。

土壌浸食を生んだ新世界からの土壌肥沃性の輸出を減らすか停止すれば，土壌浸食の進行は遅くなるか食い止められるはずである。だが『大

地のレイプ』自身が詳しく描き出したように世界的規模で土壌浸食が進行しているという現実——本書が示した現在の土壌浸食の例はトルコ，パレスティナ，ロシア，北米，南米，アフリカ（特に「土壌浸食に起因する国家的破局が他のどの国よりも差し迫っている」南アフリカ（p.264）），オーストラリア，ニュージーランド，インド，中国など世界各地に及ぶ——は，その背後にグローバルな規模での食料・農産物貿易システムが形成されていることの表れでもある。

ウォスター『ダスト・ボウル』の表現に倣えば，浸食から土壌を保全するエコロジーの立場に依拠して，浸食を促すエコノミーの影響力をいかに制御するのか，この点が『大地のレイプ』の次の議論の中心となる。

地力保全農業の生産性は究極的に見れば高いが，その実施は土壌資本の維持・再生コストを含むから，地力略奪農業に比べれば，その直接的利益は小さい。浸食を阻止し土壌を再生する土地利用を実現するための方策は，直接的利益を第一とする「自由競争経済」とは両立不能である。「国内需要に合わせた生産調整」のためのなんらかの制限的立法が必要である。著者たちは，合衆国での土壌保全策，特に農業調整法（AAA）の進展，ならびにテネシー渓谷開発公社に代表される地域レベルでの土壌保全計画の今後に注目する。だが，その実際の適用に伴う困難が大きく，その効果の見通しも確定しきれないことも併せて強調される。余剰農産物除去の点では，AAAによる作付・生産制限よりも旱魃の効果が大きかったことも事実なのであった（pp.216,219-20）。

ここでエコロジーの視点からエコノミーの影響力を制御するという著者たちの立場の困難が露呈する。

著者たちは，世界的土壌浸食防止の可能性を1930年代においてヨーロッパで切迫する戦争の脅威の中に見出すことになる。戦争の脅威が旧世界でナショナリズムを高揚させて，新世界からの食料輸出を停止させ，エコロジーの復活を強要する，と言うのである。

「戦争の普遍的脅威の他には土壌枯渇のスピードを止められない。旧世界を覆う戦争の暗雲が，新世界の砂漠化の進行を抑えつつある」。戦争の脅威のなかで，各国は「経済的ナショナリズム」——それは「人類を豊かにし，大地を貧しくした国際主義の対極」（p.215）である——に

基づく「自給自足」政策を余儀なくされている。この結果，旧世界は自国土壌の保持に配慮した食料生産を推し進め，かつ新世界からの食料輸入を制限することで，世界的な土壌浸食を（一定期間）食い止めることが可能になる。逆にもし世界平和が実現し，国際連盟の目的が実現していたならば，「土壌浸食は今日，世界全体をまっしぐらに飢餓へと追いやる制御不能な力になったことであろう」。戦争の脅威が過ぎ去り，再び自由貿易が実現すれば，現在土壌保全策として策定されつつある大地の再建計画も「棚上げにされ，一夜にして忘れ去られるであろう」（p.284）。

著者たちは，「アメリカでの農業調整と土壌保全とに対する最も危険な敵は，経済的国際主義の復活であろう」（p.221）と記した。戦争の脅威の中で，旧世界は農業保護主義を通じた自給自足実現を求め，自国農業による土壌肥沃性の活用という道を選択した。「こうして経済的ナショナリズムはゆっくりと，しかし確実に，土壌資本のより平等な再配分をもたらし，また新規に開発された土地の過度な収奪の抑止を強要しつつある」（pp.217-18）。

これが著者たちの判断であった。

こうしたエコロジーの実現——著者たちはそれを「土壌は人間を犠牲にして自らを回復するしかない」，「自然の乱暴な正義はその目的を実現しつつある」（pp.215,217）と記した——はなにをもたらすのか。著者たちはこう続ける。国際的資本主義と自由貿易はこれまでは，新世界の急速な土壌枯渇を生み出したが，その一方で特に旧世界に対して物質的繁栄を増加させた。だが現時の経済的ナショナリズムが今後もたらすであろう土壌回復のプロセスは緩慢であるにちがいない。またそれは「未来の歴史家が物質的進歩として記録できるものをほとんど伴わないにちがいない」（p.218）。ここから世界的土壌回復のプロセスには悲観的色彩が色濃く伴うことになる。

本書の最後に至って著者たちは，次の戦争が起こり，新世界の農業に依存して増加した周密な人口が，自らによる扶養を余儀なくされたヨーロッパの農業について，こう予測した。

ヨーロッパの土壌ははじめて「深刻な緊張」に服するが，いつまでこの緊張に耐えられるか，推測すらできない。「もう一つの戦争が起きれ

ば，土壌構造を形成する牧草地と牧場は掘り返され，フムスを供給する動物は屠畜され，土壌改良は無視され，土壌肥沃性の貴重な蓄えは容赦なく掘り出されるであろう」。合衆国と異なって，土壌肥沃性の蓄えが大きくないヨーロッパでは，戦争の帰趨が優先されて長期の土壌保全政策を採用できないからである。こうしてヨーロッパは直近の将来のために再編されるが，「土壌進化という永遠の過程」においてはほとんど重要性をもたないであろう（pp.300-01）。

7　戦争と土壌保全

　『大地のレイプ』の著者たちの判断は，30年代の戦争の脅威が経済的ナショナリズムと農業保護主義の強化をもたらし，農産物貿易の制約を通じて新世界の土壌浸食を抑止するというものであった。

　だが実際には『大地のレイプ』の著者たちの言う戦争の脅威の前に，第一次大戦による債務国化という戦後の厳しい財政状況を背景として，ヨーロッパ諸国は1920年代から穀物をはじめ農産物生産増加策を進めていた。さらに1920年代末からの世界恐慌の中で農産物価格が暴落し，この価格崩壊が新世界のみならず旧世界にも経済的ナショナリズムと農業保護主義の強化を生んでいた。自由貿易への批判と（第一次大戦後の厳しい財政状況を背景とした）ヨーロッパ諸国での穀物生産増加策の採用とは，第一次大戦後から始まっていた。そして自由貿易への批判を強め，自由貿易体制崩壊の引き金となったのが世界恐慌であった。経済的ナショナリズムと農業保護主義の広がりと深まりは世界恐慌の結果である。

　1930年のスムート・ホーレイ関税法で，合衆国は農産物関税を30％引き上げた。輸入のない小麦に対しても，ブッシェル当たり73セントの国内小麦に42セントの関税が課せられた。こうした農業保護策は他国の関税報復を生んだ。フランス，ドイツ，イタリアといったヨーロッパの主要小麦輸入国は30年代に輸入制限や国産小麦使用を強化して輸入量を急減させ，国産小麦に対して国際価格の2.5倍以上の価格を支払っていた。イギリスも1932年オタワ協定で帝国外からの小麦に輸入

関税を課した。また同年の小麦法によって国産小麦に価格保証を与えた。各国間の対立が深まり，自給自足政策を強化させた。

　世界恐慌の最中，1932 年に出版された国際連盟『世界経済概観』は，世界恐慌が農業保護とナショナリズムの爆発的高揚を生んだ現実をこう指摘している。「1930 年の終わりには，保護主義の潮流が一気に強まりつつあることは明白である。……この年の経済不況の進行が経済的ナショナリズムをさらに強化し，国家の安全の争奪の中で，関税の変更〔引下げ〕という国際的見地は重きをなさなかった」[85]。その中で戦争の脅威が増していた。ナチス・ドイツのアウタルキー政策は，近隣諸国への侵略とそれら国々の貿易支配とを伴って実施された。ポーランドをはじめソ連西部やウクライナなど周辺各国は，ドイツの「生存圏 Lebensraum」の重要な空間と位置付けられた。「ドイツにとってのアウタルキーは近隣の小国のアウタルキーを不可能にしていた」[86]。これが自給自足政策の現実であった。

　こうした現実を生み出した歴史的経路を『大地のレイプ』の著者たちはどう理解したのかは分からない。しかし彼らは，戦争の脅威と経済的ナショナリズムの広がりが各国に自給自足政策を強要して農産物の自由貿易が遮断され，その結果新世界での土壌浸食が食い止められ，また旧世界でも乏しい土壌肥沃性に配慮した農業の拡大が促され，こうして世界的な土壌浸食が──一定期間──抑止されると判断する。いや，期待する。

　エコロジーの立場から土壌浸食を回避しようとする著者たちは，世界恐慌というエコノミーがもたらした世界的危機に活路を見出すほかなかった。

　現実には，1930 年代において新世界での小麦生産にブレーキをかけたのは，世界恐慌に伴う 40％以上にも及ぶ小麦価格の崩落であった。1931-35 年の輸出小麦の生産費（含む輸送費）は最低生産費の国にとってさえ，輸入国港での販売価格より高かった。小麦は，輸出国の各種補助金を通じて生産原価を下回って輸出されていた[87]。1929 年度には世界

---

85) League of Nations, *World Economic Survey 1931-32,* Geneva, 1932, p.281.
86) A.G.B. Fisher, *Economic Self-Sufficiency,* Oxford, 1939, p.18.
87) de Hevesy, *World Wheat Planning,* p.5.

小麦貿易量は1億1,590万クォータであったが，小麦輸出国の在庫が累積するなか1935年度には6,870万クォータに減少する。

　合衆国でもカナダでも小麦価格の崩落後，農業者からの苦境救済要求を背景に，政府は自らが主導する作付割当・価格支持・補助金・販売政策を実施し，作付面積・生産量は停滞・減少した。合衆国では1933年に農業調整法が制定され，過剰小麦対策として34年・35年の小麦作付面積の20％減が目標とされた——ただし，この目標はほとんど達成されなかったが，旱魃のため生産量は大幅に減少した——。また36年には土壌保全・国内割当法 (the Soil Conservation and Domestic Allotment Act) が制定され，土壌を悪化させる作物（＝綿花，小麦など）から土壌を保全・改良する作物（＝牧草，野菜，樹木，マメ科作物）への転作に奨励金が支払われた[88]。農産物過剰の下で（むしろ過剰だからこそ生産に制約を課す）土壌保全プログラムがニューディール政策の一環として実施された。ダスト・ボウルの被害を受けた大平原南部では，防風植林・草地回復作業が進められた[89]。

　しかしながら，第二次大戦下に，特にその後半に至って，過剰の解消という状況が生まれると保全計画は縮小される運命にあった。30年代にあれほど高まった土壌浸食問題への関心は中断する。それは，根本的には食料増産を要求する戦争という現実が増産を制約する土壌保全策と衝突するからであった[90]。

---

88) de Hevesy, *World Wheat Planning*, pp.657-58；M.R. ベネディクト『アメリカ農業政策史』山口辰六郎監修，農林水産業生産性向上会議，1958年，287ページ；Douglas Hurt, Kansas Wheat Farmers and the Agricultural Adjustment Administration, 1933-1939, *Kansas History*, vol.23. no.1-2, 2000, pp.76,86.

89) Vance Johnson, *Heaven's Tableland: The Dust Bowl Story*, Farrar, Straus, New York,1947, chaps. 19, 20.

90) 1943年5月に開催されたホット・スプリングス会議の模様を伝えた『ニューヨーク・タイムズ』紙の記事（筆者：Russel Porter）は，世界から飢餓をなくすための「〔同会議の基調を成した〕最大限の農業生産水準の実現と水・土壌という基本的生産資源の将来世代のための保全との両立という問題」に言及した。そしてその解決策として，効率的な農業技術，粗放的農業から集約的農業への移行，家族経営の発展，新たな土地開発，長期の公共事業をあげるが，その可能性について限定的な評価をせざるを得なかった。*The New York Times*, Blueprint is Filed For Food Increase to Abolish Want, May 31, 1943, p.1. 同じく1943年6月の記事（筆者：R.M. Jones）は，家畜生産増加のための飼料作物増産圧力が大平原の草地の耕作再拡張をもたらし，「もう一つのダスト・ボウル」を招来しないかとの，西部の人々の懸念を伝えている。だがこの記事も，ドライ・ファーミングに代わって，切株・麦藁ごと

1938年春以降旱魃は終息しはじめた。『大地のレイプ』の著者たちの判断とは逆に，ヨーロッパで戦争の始まった1939年以降，ニューディールによる政府の各種補助金に依拠して「汚れた30年代」になんとか経営を維持してきた南部大平原農業者は，作付・生産ともに増加に転じた。戦争の足音が迫る中で，ニューディール改革が，できるだけ多くの食料・原料生産に道を譲る日が近づきつつあった。1941年には旱魃は解消し十分な雨量が南部大平原を潤した。ダスト・ボウルの記憶が過去のものなりつつあった。「ダスト・ボウル〔に苦しんだ〕農業者は急速に過去を忘れるか見逃すことを選んだ」。ダスト・ボウル防止のために耕作不適地を放牧地へ転換させる，政府による土地買い上げ計画も1943年2月で終了した[91]。

　土壌保全策後退の例は，1934年にはじまった防風林プロジェクトの事実上の終結の経緯にも見てとれる。これは，もともとはカナダ国境からテキサス北部までの広範な範囲に植林を行ってダスト・ボウルを防止するという壮大な計画であり，あわせて苦境下の大平原農民に対する植林事業による雇用提供をも意図した。だが予算規模の割には即効性が認めにくく，降雨量の乏しい大平原西部では植林自体が困難で，部分的な施行ののち，結局は40年になって旱魃が収まり収穫も回復すると，植林事業自体が農業者の作付け拡大要望にとって障害になり，42年に事業は廃止された。50年代になると，地主によって植林自体が撤去される事態が生まれる[92]。

　第二次大戦参戦後ただちに，農務省長官C.R. ウィカード（Wickard）は〈勝利のための食料！〉を訴えた。土壌保全・国内割当法に基づく農業者への保全支払い支給は1943年に停止される。保全政策によって小麦作が放棄された土地の再耕作が行われた。戦争開始後に南部大平原で

耕起する下層土耕作の技術的紹介で終わっている。*The New York Times,* Middle West Fears a New 'Dust Bowl', 6 June 1943, p.12. ホット・スプリングス会議の勧告ついては，服部正治『イギリス食料政策論』日本経済評論社，2014年，第2章を参照。

　91）Theodore Saloutos, The New Deal and Farm Policy in the Great Plains, *Agricultural History Review,* vol.43,no.3,1969,p.354; Hurt, *The Dust Bowl,* pp.100-01; Hurt, Federal Land Reclamation in Dust Bowl, *Great Plains Quarterly,* 968,1986.

　92）Hurt, *The Dust Bowl,* chap.8, p.136; David Moon, *The American Stepps: The Unexpected Russian Roots of Great Plains Agriculture, 1870s-1930s,* Cambridge University Press, 2020, pp.277-83; Lee and Gill, Multiple Causes of Wind Erosion in the Dust Bowl, p.24.

耕作されていた土地の半分以上は，土壌保全局が耕作不適地とした土地だった。第一次大戦後のように小麦生産バブルが再発する[93]。

合衆国農家の総所得は戦争中に 2.5 倍に増加した。その中でも小麦農家の純所得上昇率は最も高い。南部大平原のカンザス，オクラホマ，テキサスの典型的な小麦農家の例だが，その純収入は 1939 年の 558 ドルから 1945 年には 6,700 ドルと激増した。他方で，大戦中の農業外の雇用拡大と良好な労働条件は若者の離村を促し，残った農業者に機械化の採用と規模拡大を強いた。さらに新たな殺虫剤，化学肥料，除草剤，また家畜疾病コントロールの多用を促した。各種政府プログラムが農業リスク低減に役立った[94]。

合衆国での小麦作付面積は，1939 年度の 5,050 万エーカーから（高い水準を保ちつつ）1945 年には 6,517 万エーカーに増加した。生産量は 1939 年度の 7 億 1,000 万ブッシェルから増加し 1944 年には 10 億 3,000 万ブッシェルに，そして翌 1945 年は過去最大の 11 億ブッシェルを記録する。小麦ベルトでの小麦作付面積・生産量ともに戦時中に大きく増加した。これは戦時価格支持の下で，小麦価格がブッシェル当たり 69 セントから順次上昇し 1 ドル 49 セントと 2 倍以上になった結果である。

『大地のレイプ』の著者たちの予想とは逆に，30 年代の土壌浸食と肥沃度劣化にもかかわらず，戦争は，その後半に至ってではあるが[95]，小

---

93) Johnson, *Heaven's Tableland,* chap.22；ベネディクト『アメリカ農業政策史』379 ページ。作付面積削減による補助金支給は，農業者には生産性の低い土地の作付削減（＝高い土地は作付継続）を利益としたから，補助金支給の低減はいったん作付削減された生産性の低い土地の再耕作を意味した。

94) Hurt, *The Big Empty,* p.172; Walter W. Wilcox, *The Farmer in the Second World War,* Iowa State University Press, 1947, pp.251-53.

95) 日本の真珠湾攻撃（1941 年 12 月）による合衆国の参戦後においても，世界の小麦滞貨は続いていた。合衆国では翌 1 月においても――他のすべての主要農産物が増産目標を設定される中――42 年の小麦生産目標は 41 年の 12％減とされた。カナダでも合衆国と同様，41 年 3 月には小麦作付削減政策が実施される。政府は，41 年の小麦作付面積を 40 年のそれの 65％（650 万エーカー減）にするために，小麦作から夏季休閑・飼料作物・牧草・クローバーへの転作に対する奨励金の支払い実施を表明した。

翌 42 年 7 月には，四大輸出国はこれ以上の小麦滞貨を避けるために，戦争中の小麦生産の下方調整で合意する。四大輸出国全てにおいて 1940-44 年の小麦作付面積は戦前（1935-39 年）から減少した。第一次大戦時に唱えられた，「小麦が戦争勝利をもたらす "Wheat Will Win the War"」というスローガンは，第二次大戦時カナダでは「1941 年度小麦減産は戦争

麦生産量の増加を必要としたのであり，合衆国農業はそれに応えたのである。エーカー当たり小麦収量も大戦中に——1939年14.03ブッシェルから1940-45年17.13ブッシェルに——増加している。

　生産量・土地収量増加の背景には30年代の農業機械，化学肥料，高収量新品種，病虫害防除，農村電化といった農業生産性向上技術の開発と改良，加えて小麦ベルトでの経済的採算の取れない小農の人口移動と経営規模拡大といった要因が存在した。合衆国全体では農業人口は戦争中に500万人も減少したが，それを上回る機械化の進展が生産コストを引き下げた。労働者1人当たりの農業産出額増加率は大平原地帯が最も高い[96]。

　『大地のレイプ』の著者たちの指摘した土壌肥沃性劣化と土壌浸食にもかかわらず，こうして，戦争中に収穫面積・収穫量・面積当たり収量は増加した。しかも戦時需要がもたらした賃金上昇は，食料消費を増大させた。内容的にも肉類・酪農品・野菜・果実などの充実が著しい。食料価格は参戦の翌年1942年には11％上昇し，1943年までに余剰農産物問題は解消した。

　戦後早期（1947年）に公刊されたウィルコックスの研究は，「合衆国市民は戦争中にかれらの平均的食料消費水準が増加するという幸せな経験をした。人々の栄養状態は主要な食料部門のすべてで改善した——これは戦時の大国では前例のない偉業であった」と，戦中の国民の食生活

勝利に資する"Less Wheat in 1941 Will Help Win the War"」に変わってしまった。Canada, *House of Commons Debates,* 19th Parliament, 2nd Session, vol.2, pp.1464-65, 12　March 1941; Britnell and Fowke, *Canadian Agriculture in War and Peace,* pp.90, 95, 101-02,108,118-9, 205-07,392; Drummond and Mackenzie, *Progress and Prospects of Canadian Agriculture,* p.384.

　だがこうした状況は43年に転換し，一転，作付拡大に転ずる。この点で，ウィルコックスの指摘——「実際には，戦時アメリカ農業の原型は1943年春に設定された」——には根拠がある。政府は1944年に小麦をはじめ作付面積制限をすべて撤廃し，「すべての農地に作付を」促した。この結果44年，45年と小麦作付面積は増加し，45年の過去最大の小麦生産量を記録することになる。Wilcox, *The Farmer in the Second World War,* p.264.

　96)　T.C. Cochran, *The Great Depression and World War II, 1919-1945,* Scott, Foresman, 1968, chap.6. 農業経済局の資料は，戦中の農産物生産増加の要因別の寄与率を以下のように推定した。耕種作物の面積当たりの収穫増＝45％（うち，肥料使用増14％，良好な気候17％，作物〈ハイブリッド種子〉・土壌改良14％），耕種作物収穫面積の増加＝14％，家畜・畜産物の増加＝31％，役馬用飼料の減少＝7％，家畜飼育牧場の増加＝3％。Wilcox, *The Farmer in the Second World War,* p.288.

7 戦争と土壌保全

改善を（そして，それを支えた生産増加を）誇って見せた。戦争中に牛肉生産量は 1.47 倍，豚肉は 1.24 倍，鶏肉は 1.42 倍，卵は 1.45 倍，牛乳は 1.12 倍に増加している。戦中の市民 1 人当たりの消費量が最も増加したのは畜産品（除くバター。戦前の 143％）であった。最も減少した砂糖でも戦前の 95％の水準であった[97]。

30 年代のダスト・ボウルに象徴される土壌浸食の顕著な表面化を抑えつつ実現された，戦争中の農業生産の増大という「前例のない偉業」は，合衆国土壌保全政策の責任者 H. ベネット（Hugh Bennett）が戦後早期（1946 年 10 月）に以下の発言をすることを可能にした。

ベネットは講演で，合衆国は他のどの国よりも短期間で多くの良好な土地を破壊してしまったが，「われわれは〔良好な土地の〕前例のない供給を開始したという利点を有している」と，土壌保全局設置以降に発展した「新たな土地テクノロジー」の重要性を訴えた。それは科学的見地に基づいて，土壌の質，耕地の勾配，気候，浸食耐性に配慮した土地利用であった。

さらにベネットは，「新たな土地テクノロジー」に基づく農業生産が「利益を生むビジネス」であることを強調する。「土壌ならびに水保全テクノロジー（土壌保全科学という道具）の発展と適用は利益を生むビジネスである。それは資本ならびに労働支出に対して面積当たりの収穫と収益の増加をもたらす。さらにそれは，個人ならびに国民の基本的能力と自給能力を維持改善する。……保全テクノロジーは，面積当たり，農家そして国民当たりの食料・繊維供給の増大によって，生活水準向上の基盤を提供する。同時に，不和，独裁そして戦争をもたらしがちな，人々の間の飢餓と不平とを減少させる」，と[98]。

---

97) Wilcox, *The Farmer in the Second World War*, pp.264-65；『アメリカ歴史統計』第 1 巻，K583-594, 595-608, 609-623.

98) Address delivered by H. H. Bennett, USDA, Soil Conservation Service, before "Engineering and Human Affairs" Conference at the Princeton University Bicentennial Conference, Princeton, New Jersey, October 2, 1946. Speeches of HHB, Development of Natural Resources, Coming Technological Rev | NRCS（usda.gov）．ウォスターはこうしたベネットの発言の中に，ダスト・ボウルに対して「社会的・経済的」にではなくて，「技術的」「科学的」に解決しようとしたニューディール官僚の特質を見ている。彼らにとっては，ダスト・ボウルは「テクニークの欠如」の証明であった。D. Worster, A Sense of Soil: Agricultural Conservation and American Culture, *Agriculture and Human Values*, vol.2, 1985, pp.30-31.

こうした発言の裏面では，政府は過剰農産物の処理という「農業問題」解決に利用可能な政策プログラムを創始していた。すなわち，D. ハートの研究が指摘するように，終戦時には政府は農業者支援策として，価格支持政策と生産管理とを通じた農業経済のコントロールを「必要と義務の問題」とみなし，政府自らが今や，「農業経済における積極的エージェント」となっていた。政府は過剰在庫の買い手として「最後の拠り所」となった。そして農業者は政府からの支援を得るために，数々の政府規制を受け入れた[99]。

　農業調整法実施責任者として 30 年代の農業苦境に取り組んだチェスター・デイヴィス（Chester C. Davis）は，戦中の論説（「土地の荒廃は未来の荒廃」）で，土壌破壊を生むほどの耕作伸長に至る以前の範囲内であれば，十全に管理された土壌保全農業は個別農家の収益増加を生むことを強調したが，「この限界を越えれば，社会が土壌保全という仕事」の責任を負う，と論じていた[100]。

　「悲惨な」「汚れた」30 年代の経験は，世紀初めからのパイオニア的農業拡張がもたらした大平原での農地荒廃の再発を防止するために――旱魃という自然の制約からは逃れられない以上――，政府の関与を必要とした。

　「社会的・経済的」問題を「技術的」「科学的」に解決し，「テクニークの欠如」を埋めることで，戦後アフリカ・タンガニーカでの農業開発を推進し，その結果，短期間で失敗に終わったイギリスの例については，服部正治「アフリカ植民地開発と農業科学――グランドナッツ計画の破綻」『立教経済学研究』76 巻 4 号，2023 年を参照。

　99）Hurt, *Problems of Plenty*, pp.95-96; Bill Winders, *The Politics of Food Supply: US Agricultural Policy in the World Economy,* Yale University Press, 2009, chap.1；Silvia Secchi, The Role of Conservation in United States' Agricultural Policy from Dust Bowl to Today: A Critical Assessment, *Ambio*, 53, 2024, p.421.

　100）C. Davis, Waste Your Land—Waste Your Future, *Southwest Review,* vol.30, no.3, 1945, p.272.

第 5 章

穀物輸出と地下水涸渇

―――――

1　西経 98 度

　穀物法廃止（1846 年）後のイギリス農業の行方をアメリカ合衆国からの小麦輸入との関連で言及し続けた，農業著述家ジェイムズ・ケアード（James Caird）は，南北戦争（1861-65 年）前の 1859 年に現地農業視察記録『アメリカプレーリー農業』を公刊した。これは，主にイリノイ州を中心とする中部プレーリー地域を対象にしたものであり，そこでは同地域は「地上最大の肥沃な穀物地域」として描かれた。しかしケアードは，ミシシッピ川以西のアイオワ，ミネソタ州については，西経 95 度以西の乾燥気象条件の影響を指摘して穀物生産に一定の制約を置いた。これは，当時合衆国最大の小麦，トウモロコシ生産州で，成長著しい穀物取引基地シカゴを擁するイリノイ州への高い評価とは対照的な認識であった。

　ケアードはこう記した。「気候の変化は西経 95 度から始まる。ここからは，その東方では見られないほど空気は乾燥する。98 度になると空気は突然に東部地域とは正反対になる。……この乾燥した気候は穀物や牧草の栽培に適さないばかりか，途方もないほどのバッタの襲来に晒される。バッタはこの 2 年続いて襲来し，アイオワとミネソタでの〔穀物の〕収穫は甚大な被害を受けた」，と[1]。

---

1)　James Caird, *Prairie Farming in America with Notes by the Way on Canada and the*

ケアードの著作の2年後に公刊されたジョン・クリパート（John Klippart：オハイオ州農業局専門家）の大冊『小麦』（1860年）も引用の形で，「98度線とロッキー山脈の間の全西部領域は，不毛の荒廃地」であり，98度線以西の全地域は——テキサスの一部と太平洋岸の狭い境界を除いては——農業にはほとんど価値がない，と述べた。そして彼は，合衆国の小麦生産地域についてこう総括した。「全小麦地域はどちらかと言えば合衆国の東半分にある。ウィニペグ湖西岸からメキシコ湾の西端を区切る98度線からの西域全体は，小麦非生産地域としてのみならず，ほとんど不生産的な砂漠と見なされる」，と[2]。

後に大平原（the Great Plains）についての古典的著作の中で歴史家ウォルター・ウエッブ（Walter Webb）は，地形的，気象的条件から，湿潤な森林地帯である東部地域と区分される境界として98度線を重視する，大平原論を展開した。彼は98度線以西の大平原の特徴として，①広大な平坦地，②無森林地，③半乾燥気候，という要因の存在をあげる。ケアードが言及した西経95度線はアイオワ，ミネソタの中央西寄，98度線は南北ダコタ，ネブラスカ，カンザス，オクラホマ，テキサスといった大平原地帯の東もしくは西寄を区切る。19世紀初めに，西経99度以西を「アメリカ大砂漠（the Great American Desert）」と評されたこの大平原地帯は，ウエッブが言うように，1850年からの10年間に大砂漠という伝統的イメージがさらに高まる[3]。

United States, London, 1859, pp.37,90,111. 本書第3章参照。

2）　John H. Klippart, *The Wheat Plant: Its Origin, Culture, Growth, Development, Composition, Varieties, Diseases, etc.,* New York. 1860, pp.325-27. 彼は，オハイオ州は「真の小麦生産地域の西端」であり，ケアードが評価した（オハイオより西の）イリノイやインディアナはむしろ小麦以外の作物に適している，と結論付けた。オハイオ州の西端は西経85度であり，こうして合衆国の小麦生産地域はニューイングランドからオハイオまでの経度20度分，緯度的には北緯33度〜43度の狭い範囲に限定されている，というのが彼の認識であった。かつては小麦の主要生産地であったニューヨーク州がその地位を失ったように，地力維持に配慮しない小麦耕作の継続によって，移民人口増加の下で，程なく合衆国は小麦輸入国化するというのが，クリパートの危惧する点であった。

3）　Walter Prescott Webb, *The Great Plains,* University of Nebraska Press,1931, introduction, p.159.「98度線での対照，差異，変化は……ウエッブの立論の核心をなす」。Gregory M. Tobin, *The Making of a History: Walter Prescott Webb and The Great Plains,* University of Texas Press, 1976, p.110. 南北戦争前の時点では，ダコタ，ネブラスカ，カンザスは準州である。

1 西経98度   159

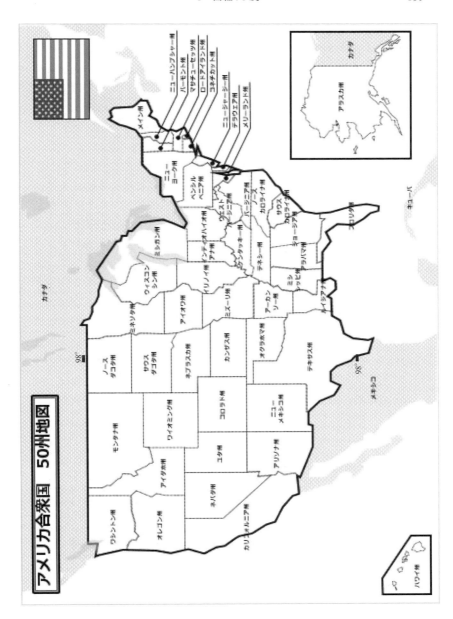

ところが，南北戦争の終結と大陸横断鉄道の完成（1869 年）を機に西部開拓──放牧地のみならず農耕地としてのそれ──の動きは，その歩みを強める。後に合衆国最大の小麦生産州となり，21 世紀の現在もその地位を維持するカンザスでは，1830 年代末にようやく小麦栽培が行われていたが，70 年代にはロシア（現在のウクライナ）黒海北部ステップ地帯からメノー派教団の移民（メノナイト：Mennonite）が持ち込んだ，硬質冬小麦品種である Turkey Red wheat がそのシェアを広げる[4]。

　1919 年には Turkey wheat はカンザスの小麦栽培の 82％を占める。たんぱく成分が高く，成熟期間が短く，乾燥気候に耐える特性を持つ Turkey wheat は，18 世紀末にロシアに委譲されるまでトルコの一部であったクリミア産の品種である。ロシア各地の小麦品種の収集と，その作付実験が進められた。ロシア・ステップ地帯との気候上の類似が，カンザスをはじめ大平原地帯での硬質冬小麦の普及を促した[5]。

　ロシア産品種の収集と普及に努めた農務省調査官マーク・カールトン（Mark Carleton）は，『1914 年農業年報』で黒海北東部ならびにコーカサス山脈のロシアの土壌と気象条件は，カンザスをはじめ大平原諸州のそれと著しく似ていると述べ，次の言葉を記した。「カンザス平原の旅行者が，寝ている間に突然南ロシアに輸送されてクリミアに留め置かれても，人々の風貌や農場設備・家畜の特徴といった点を除けば，彼の周りの環境にはほとんどまったく違いがないことを見出すであろう」，と[6]。

---

[4]　メノナイトたちが持ち込んだ Turkey Red wheat がカンザスでの硬質冬小麦生産の基礎を成したという主張を「伝説」と批判し，カンザス固有の環境に適した品種改良の努力を強調するマリン（James Claude Malin, *Winter Wheat in the Golden Belt of Kansas: A Study in Adaptation to Subhumid Geographical Environment,* Octagon Books,1973,（1st ed., 1944））の結論は，硬質小麦の支配は「〔カンザスで栽培されていた〕既存の小麦品種からの選択的過程の結果」(p.251) である，という言葉に集約される。

[5]　K.S. Quisenberry, L.P. Reitz, Turkey Wheat: The Cornerstone of an Empire, *Agricultural History,* vol.48, no.1, 1974, pp.99,103,109; E.G. Heyne, The Development of Wheat in Kansas, in G.E. Ham and R. Higham ed., *The Rise of the Wheat State: A History of Kansas Agriculture, 1861-1986,* Sunflower University Press, 1987, pp.44-45,54; T.D. Isern, Wheat Explorer the World Over: Mark Carleton of Kansas, *Kansas History: A Journal of the Central Plains,* vol.23, no.1-2, 2000.

[6]　Mark Carleton, Hard Wheats Winning their Way, *Yearbook of the United States Department of Agriculture, 1914,* 1915, p.398. 黒海北東部ステップ地帯と合衆国大平原との気候的，文化的に深い歴史的つながりの詳細は，注9）のデヴィッド・ムーン『アメリカン・ス

第一次世界大戦におけるヨーロッパからの小麦需要の急増とドイツならびにトルコによるバルト海，黒海からのロシア小麦輸出の閉鎖は，国際小麦価格を急騰させ（大戦前には1ブッシェル1ドル以下であったが，大戦中には2.19ドル），戦争が行われたヨーロッパ市場における合衆国（そしてカナダ）小麦の意義を高めた。こうして合衆国の小麦栽培地は，イリノイ，アイオワ，ミズーリなど中部プレーリー地帯を越えてさらに西に進む。合衆国での小麦生産量を二分する境界は，1849年には西経81度，59年には86度，69年には88度，79年には90度，89年には93度，99年には94度，1909年には96度と西に移動し，98度線を挟む大平原が世紀を超えて最大の小麦生産地域になる[7]。

　大戦中の「大開墾」で大平原の草原開墾と耕地化が進み，牛畜放牧を減らしつつ小麦栽培は拡張した。大平原は合衆国の穀倉となり，小麦ベルトが形成された。こうした結果，大戦後の小麦価格低下にもかかわらず，労働節約的トラクター（遅れてコンバイン）の導入と小麦栽培に特化した機械化がもたらした規模拡大（それは農家負債の増加を伴った）は，生産継続の必要を農家に強いた。1920年代を通じて全体としての小麦栽培面積は増加した。合衆国人口の1人当たりの年間小麦消費量の減少――20世紀初めの5.3ブッシェル（157kg）から20年代にかけて2割以上も減少し，1930年には4.1ブッシェル（121kg）に低下する――にもかかわらず，移民をはじめとする国内人口増加がその影響を上回った[8]。小麦の輸出量も高水準を保った。

　1929年には，大平原は全国の小麦作付面積の2/3，生産量では半分以上を占めるに至る。小麦ベルトと称される大平原地帯（モンタナ，南北ダコタ，ネブラスカ，カンザス，オクラホマ，テキサス）での小麦栽培面積と小麦生産量は，1909年・1919年・1929年と以下のように推移した。

テップ』（2020年）を是非参照。

　7）　1909年の中央値は西経97度である。Alan L. Olmstead and Paul W. Rhode, Biological Innovation in American Wheat Production: Science, Policy and Environmental Adaptation, in S.R. Schrepfer and P. Scranton ed., *Industrializing Organisms: Introducing Evolutionary History,* Routledge, 2004, pp.58-59, table 2.1.

　8）　Holbrook Working, The Decline in per Capita Consumption of Flour in the United States, *Wheat Studies,* vol.2, no.8, 1926, pp.267,287; Frank Bieberly, Other Crops in the Wheat State, in *The Rise of the Wheat State,* p.64. 第二次大戦後（1955年）には，さらに減少し2.8ブッシェル（83kg）と世紀初頭から半分強の水準になる。

	小麦栽培面積 （万エーカー）	小麦生産量 （万ブッシェル）
1909 年	2,180	31,193
1919 年	3,737	40,884
1929 年	4,125	46,779

出所）Ladd Haystead and Gilbert C. Fite, *The Agricultural Regions of the United States*, University of Oklahoma Press, 1955, p.185.

　カンザスでは，1914 年にトウモロコシに代わって小麦が最大の収穫面積（トウモロコシの 1.7 倍）を占めた。トウモロコシに比べて小麦は耐乾性が高く，また機械作業が容易なことも小麦生産拡大を促した。1913 年には 779 万エーカーだった小麦作付面積は，18 年に 1,020 万エーカー，19 年に 1,170 万エーカーに増大した。1920 年，カンザス農業局が「カンザスは今や世界最大の硬質冬小麦生産者である」と誇って見せたように，大平原諸州の中で，1919, 29 年の時点で最大の小麦栽培面積・生産量を占めたのがカンザス州であった（次いで春小麦の北ダコタ）。冬小麦は秋に種がまかれ，冬を越して暑い夏の前に成熟し，7 月初旬に刈入される。冬季が寒冷で，夏季には高温で乾燥するカンザス西部に小麦耕作が拡張すると，十分な収穫が得られる品種は成熟期間の長い硬質冬小麦しかなかった[9]。

　航空写真で見ると，現在ではセンター・ピボット灌漑による円形の耕地が連なるカンザス州南西部ハスケル郡サブレッテ地区（Sublette, Haskell County）での，ダスト・ボウル下の苦境と，小麦生産そしてそれを支える農村文化の推移とを描いた調査記録がある。アール・ベル（Earl Bell）『現在の農村文化：カンザス州サブレッテ』（1942 年）がそれである。ベルは，土壌・地形的条件から言えば同地区は農業成功のための要素はすべて揃っている，としたうえでこう限定を付けた。「ただし降雨という条件を除いて」，と。降雨量が十分にあれば，「世界で最も豊かな農業地に負けない」，というのが彼の認識であった。

　サブレッテは西経 100 度 52 分，標高 887m に位置し，年間平均降雨

---

9) Kansas Wheat History, *News Release,* October 2017, p.34; David Moon, *The American Steppes: The Unexpected Russian Roots of Great Plains Agriculture, 1870s-1930s,* Cambridge University Press, 2020, p.179; Olmstead and Rhode, Biological Innovation in American Wheat Production, in *Industrializing Organisms,* p.66.

1　西経98度　　　　　　　　　　　　　　　163

カンザス州郡地図

出所）Peter Fearon, *Kansas in the Great Depression*, University of Missouri Press, 2007, 口絵

量が 18-20 インチ（46-51cm）の半乾燥地帯に属する。ベルが調査した 1940 年時点では人口は 10 年前から 100 人ほど減って 600 人弱の，農地の半分以上が郡外の地主が所有する農村であった。1931 年の耕種作物の作付面積のうち「王座である小麦は 94％を占めた」と記されたように，小麦は「簡単に金になる作物」であり，現金作物が乏しいこの地域は小麦単作に偏重し，オクラホマ州パンハンドルに近く，ダスト・ボウルの被害が最も大きい地域の一つであった[10]。

D. ウォスター (Donald Worster) の『ダスト・ボウル』（1979 年，第 2 版 2004 年，第 3 部）が，「ダスト・ボウル社会の原型」と記したオクラホマ州シマロン郡（オクラホマ州パンハンドルの西端）とともに，ダスト・ボウルの被害が深刻な地域として分析対象にしたのが，カンザス州ハスケル郡であった。ハスケル郡の土地の 2/3 は不在地主が所有しており，他の農業者の苦境のなかでも，彼らは小麦作以外に（農業以外を含めて）収益源があった。こうした事情が，旱魃の中でも，郡全体として小麦に「特化した単作農業」を維持させた。30 年代末においてもハスケル郡は「小麦帝国」であった。それは，天候さえよければ，小麦は他の作物よりも高い収益が得られたからであった (pp.150-52)。

大平原は数年ごとに旱魃が繰り返される半乾燥地帯であった。19 世紀末からも，1887-90 年，93-95 年，1910-14 年，16-18 年，そしてダスト・ボウルを生んだ 1931-37 年と旱魃が襲っていた。半乾燥気候とは湿潤と乾燥の中間ではない。半分が日照りで半分が雨というのでもない。むしろある年は日照りで乾き切っているのに，別の年は栽培に必要な十分な量の降雨がある，という気象状況である。加えて焼けつくような夏と刺すような寒さの冬での，また一日のなかでも気温の変化が大きい。高温と乾燥と強風が土壌中の水分蒸発を加速し，植物の生育を妨げる。霜の被害も大きい。収穫は天候によって大きく変化した[11]。

---

10) Earl H. Bell, *Culture of a Contemporary Rural Community: Sublette, Kansas,* Rural Life Studies 2, USDA, 1942, pp.15,25,30,38.「単一現金作物」である小麦への依存によって，農業収益の不確実性は高まる。こうして「小麦生産は大きなリスクを抱え込むが，〔降雨量が十分にあり〕収穫が良好で価格が高い場合には，農業者は高収益を得られる」。A.D. Edwards, *Influence of Drought and Depression on Rural Community: A Case Study in Haskell County, Kansas,* Social Research Report, no.7, USDA,1939, p.92.

11) Ladd Haystead and Gilbert C. Fite, *The Agricultural Regions of the United States,*

ベルのハスケル郡調査記録は同地の気象条件が農業経営に与える現実をこう描いた。「おそらく大平原ほど，人々が自らの生存をかけて天候という運命と闘わねばならない土地は他にはない。……ここでは自然は気まぐれである——ある年にはなんの報酬も与えないが，別の年には溢れんばかりの恵みを与えてくれる。うまくいってるように見えても，明るい見通しは一夜にして消し去られる。そしてまた自然はなにも約束しないが，突然に豊穣を与えてもくれる」[12]。降雨の多寡が同地での農業拡張と人口増加，農業放棄と人口減少というサイクルを生んでいた。

　カンザス州では1930年には1,368万エーカーの作付面積で，1億8,628万ブッシェルの小麦が生産されたが，ダスト・ボウルの時期には，作付されても収穫されなかった大量の小麦作付地が生まれた。カンザス州全体では，厳しい旱魃に襲われた1933年には作付面積に対する収穫面積の比率は56％であり，ダスト・ボウルの被害の大きかったハスケル郡では15％にすぎなかった。35年には州全体では51％，ハスケル郡では20％であった。ハスケル郡の同年の年間降雨量は6インチ（15cm）以下であった。冬季の積雪もなかった。近隣では37℃を超える高温の日が続いた。収穫不良また低小麦価格のために収穫費用の回収ができなかった。

　ハスケルを含むカンザス南西部16郡では，30年代（特にその後半期）の離村は人口の1/4に及んだ。また人口減は，南西部の中でも西・南寄りの諸郡で特に大きい。これらの諸郡は20年代に，州立銀行による過剰信用に促されて多数が入植した地域であり，彼らは30年代の苦境に耐える資力が乏しかった。ダスト・ボウルの被害が最も大きかったモートン郡（オクラホマ・パンハンドルに接するカンザス州の西南端）では，人口減は5割近くに及んだ。1935年以降，国土利用計画（Land Utilization Project）に基づいてダスト・ボウルの被害が深刻な地域の一部を耕作地から永久に撤退させる（農家の移転）ために，政府による耕

University of Oklahoma Press, 1955, p.185; Donald Green, *Land of the Underground Rain: Irrigation on the Texas High Plains, 1910-1970,* University of Texas Press, 1973, p.21; H.L. Stewart, *Changes on Wheat Farms in Southwestern Kansas,1931-37,with Special Reference to the Influence of AAA Programs,* USDA Farm Management Reports, no.7, 1940, pp.3-5.

　　12)　Bell, *Culture of a Contemporary Rural Community,* p.40.

作限界以下の土地購入が進められた。カンザス州では，モートン，スティーブンス，セワード郡がその対象であった[13]。

　第一次大戦後からダスト・ボウルの時期までカンザス州での小麦作付面積の内訳を見ると，降雨量が比較的大きく収量も高い東部地域の諸（計43）郡では減少する一方で，最も急速に増加したのは降雨量が少なく（年平均16インチ＝41cm）土地収量も低い西部地域の諸（計31）郡であった――ベルが調査したハスケル郡はこの地域の南部に位置する――。合衆国全体でも小麦生産地は西部に移動したが，最大の小麦生産州カンザスでも生産地は西域の比重が高まった。20インチ以下の平均降雨量では，農業は「多少なりとも運任せの職業」となる。この意味で，カンザス西部は「限界的耕種作物生産地域」であった。この点は1930年代に明らかになる。30年代カンザス州の年平均降雨量は，東部では30.32インチであるのに対し，西部では15.79インチしかなかった。最も少ない南西部では14.01インチである[14]。

　1900年代，10年代，20年代，30年代のカンザス州での1エーカー当たり平均小麦収量は，それぞれ13.37，11.99，12.97，11.88ブッシェルである。全体として停滞（下落）傾向であり，40年代以降に顕著に上昇するのとは対照的である。しかも乾燥地域では，特に生育期の降雨量と土地収量の相関が強く，天候面での不安定要因が農業経営状態を左右した。ハスケル郡では1930年には住民の6割以上が農業に従事していたが，30年代を通じて人口が25％も減少した。農業人口に限ると人口減は43％に及ぶ。また農業収入の約半分は連邦政府からの援助に依存

---

　　13)　*Kansas Wheat History, News Release,* National Agricultural Statistics Service, October 2017, pp.34-35; Bell, *Culture of a Contemporary Rural Community,* p.20 ; Peter Fearon, *Kansas in the Great Depression: Work Relief, the Dole, and Rehabilitation,* University of Missouri Press, 2007, pp.9-11; Pamela Riney-Keherberg, *Rooted in Dust: Surviving Drought and Depression in Southwestern Kansas,* University Press of Kansas, 1994, pp.2,39,99, 158-59,192,197 ; Paul Bonnifield, *The Dust Bowl: Men, Dirt, and Depression,* University of New Mexico Press, 1979, pp.140,148-49,170-71,178.

　　14)　C.W. Nauheim, W.R. Bailey, D.E. Merrick, *Wheat Production: Trend-Problems-Programs-Opportunities for Adjustment,* USDA, Agriculture Information Bulletin, no.179,1958, pp.22-25; Carl Heisig, Ernest Ahrendes and Della Merrick, *Wheat Production in War and Peace,* USDA Bureau of Agricultural Economics, 1945, p.10 and figures 7, 9; Webb, *The Great Plains,* p.324; Fearon, *Kansas in the Great Depression,* p.163.

する状態であった[15]。

　ハスケル郡での小麦作付面積と小麦生産量は，1929年には168,000エーカー： 302万ブッシェル，31年には182,000エーカー：345万ブッシェルであったが，農業調整法（the Agricultural Adjustment Act）が制定された33年には18,000エーカー：9万ブッシェルに激減する。小麦の低価格と旱魃による不作が農家経営を悪化させた。この年のハスケル郡の年間降雨量は11.2インチ（28cm）である。農業調整法による作付制限に加えて，小麦価格の暴落（1ブッシェル33セント）による作付放棄と合衆国史上最悪の旱魃，そして小麦への病害がその背景にあった[16]。

2　小麦の余剰

　第二次世界大戦下の小麦価格上昇のなかで，戦争後半期（1943年）以降に実施された小麦作付制限の解除と作付拡張の奨励とは，戦争終結を越えて，余剰という結果を生み出した[17]。
　第4章で見たように，農業不況対策として実施された農業調整法（1933年：AAA）以降戦時農業政策を経て，政府は供給管理を通じた農業経済のコントロールを自らの「必要と義務の問題」として受け入れた。政府は今や「農業経済における積極的エージェント」となった。この場合の供給管理の基本は，AAAに見られるように作付制限による生産管理と商品信用公社（Commodity Credit Corporation: CCC）を通じる

　15）　Bell, *Culture of a Contemporary Rural Community,* pp.9,61; Edwards, Influence of Drought and Depression, pp.8,14; Stewart, *Changes on Wheat Farms in Southwestern Kansas,* pp.11,54. Work Progress Administration, *Areas of Intense Drought Distress, 1930-1936,* 1937, Table 6によると，1933-36年の1人あたり政府救済援助額の最多はハスケル郡であり，609ドルにものぼった。
　16）　Edwards, Influence of Drought and Depression, p.37. 農業調整法制定にあたって，その関心の中心が小麦と小麦生産者であったという，デイヴィスの主張はうなずける。Joseph S. Davis, *Wheat and the AAA,* Institute of Economics of the Brooking Institution, 1935 (Da Capo Press edition, 1973), p.28.
　17）　「1943年になって，合衆国は実際に完全農業生産と言えるものに到達した」。G.C. Fight, *American Farmers: The New Minority,* Indiana University Press, 1981, p.83; 本書第4章154ページ。

農産物価格支持とが大原則であった[18]。戦後においても1948年，49年農業法を通じて，CCCはトウモロコシ，小麦，綿をはじめ主要農産物の価格支持継続を保証する機関として公認された。

カンザス州でも小麦作付面積は1943年の1,074万エーカーから翌44年は1,321万エーカーに増加し，生産量も1億4,424万ブッシェルから1億8,770ブッシェルと増加した。戦後も増加傾向は続く。47年には1,540万エーカー，2億8,670ブッシェルを記録する。生産量は過去最大であった。合衆国全体でも1947年は史上最高値（7,452万エーカー：13億5,900万ブッシェル）を記録するとともに，小麦価格も第一次大戦時以来のブッシェル当たり2ドルを超える[19]。これは，ヨーロッパをはじめ戦禍による農業資源荒廃がもたらした世界的小麦需要増加の結果であった。30年代の農業不況は戦争と戦後世界の食料不足のなかで解消し，そしてその後に小麦の余剰という現実をもたらすことになる。

戦後における合衆国での小麦余剰と過剰生産能力の存在は，早くも，ドイツ降伏時の1945年5月に公刊された農務省冊子，ヘイシック（Carl P. Heisig）他『戦争と平和における小麦生産』──この冊子は合衆国第一第二の小麦生産州カンザス，北ダコタを主に対象にしている──において，以下のように予測されている。

すなわち，「小麦の食用必要量は生産量より通常は少ない，輸出販路市場が限られている時には，余剰処理のために政府の行動が必要である」。余剰生産能力が存続する理由は，最大の小麦生産地域であり，かつ「『高リスク』地域」である大平原をはじめ広大な半乾燥地域では小麦が「ほとんど唯一の現金作物」であり，他に代わる商業的作物が乏しいことにある。

そのうえでこの著作が強調するのは，戦争中に明らかになった，面積当たりの収量増加である。カンザス州内でも降雨量の少ない南西部での小麦作付増加にもかかわらず，近年小麦収量が25-30％改善しているの

---

18) R.D. Hurt, *Problems of Plenty: The American Farmers in the Twenty Century,* Ivan R. Dee, 2002, pp.95-96; Bill Winders, *The Politics of Food Supply: US Agricultural Policy in the World Economy,* Yale University Press, 2009, chap.1.

19) *Kansas Wheat History, News Release,* October 2017, p.35; 合衆国商務省編『アメリカ歴史統計』（斎藤眞・鳥居泰彦監訳），原書房，1986年，K502-516.

は，この間の降雨に恵まれた天候に加えて，病気・旱魃・害虫に強く，高産出の改良品種の使用拡大，病気・害虫管理の改善，夏季休閑の拡大（土中湿分の保存），土壌管理の改善，土壌浸食を防ぐ等高線耕作・帯状栽培など耕作方法の改良，そして機械化による適切な作業管理と労働時間の節約，それに伴う経営規模の拡大が主な要因であった。

政府の生産管理と価格支持との下，戦後の小麦供給能力の増加は，収量増加と機械化によるコスト低下とによってその基礎が据えられた。大平原をはじめ「高リスク」地域では小麦に代わる現金作物が乏しいため，作付制限が行われなければ小麦作付は維持され，合衆国全体での作付面積は6,000万エーカーを下回りそうもない。1914-44年の平均作付面積（6,600万エーカー）を前提にすれば9億5,000万ブッシェルの生産が見込まれる。一方，小麦の国内消費量は1910-14年の年平均5億7,500万ブッシェルから35-39年の6億8,500万ブッシェルと2割弱増加したが，1人当たり消費量は減少しており，10年後の1955年の予測値では，国内消費量は種子・飼料使用を含めて，全体で最大でも8億4,500万ブッシェル（最小では7億2,500万ブッシェル）にすぎない。

大戦中の1942年から44年には，小麦の飼料用消費が補助金を通じて激増した——30年代には平均1億1,000万ブッシェルであったが，43年には5億ブッシェル以上——のに加えて，小麦のアルコール用消費の急増で国内小麦消費量は拡大し，繰越在庫は解消した。だが平時にはこうした増加は期待できない。もし国内消費量が予測最小値に近いものであれば，「厄介な余剰」が蓄積する。何年にもわたって低価格が続き，農業者の苦境が生まれる[20]。以上が1945年時の農務省の小麦生産予測であった。

こうした戦争終結時の小麦余剰の見通しは，戦後直後の世界的食料危機を経て，間もなく現実のものとなる。

戦後世界食料危機は1948年を境に好転の兆しを見せる。小麦の余剰生産力が姿を現す。早くも46年11月にはFAO（国際連合食糧農業機関）合衆国委員（L. Wheeler）は，「農産物の来るべき余剰」を予測し，現時の深刻な食料欠乏にもかかわらず，「世界が販路のない余剰と格闘す

---

20) Heisig et al., *Wheat Production in War and Peace*, pp.2, 12-15, 18, 22, 24, 27-29.

る時はそれほど遠くないかもしれない」と主張していた[21]。FAO は 48 年 9 月には，輸入国向け食用・飼料用穀物の供給状態が「楽観視できる段階」に到達した，と記すに至る[22]。前年のマーシャル・プランの実施が，ヨーロッパでの飢餓状況の悪化を食い止めるとともに，合衆国内での小麦生産の高揚を促した。マーシャル・プランによる援助の約 4 割が食料・飼料・肥料であった。

翌 49 年 7 月には戦争以降続けられてきた小麦の輸出上限廃止の記事が出る。『ニューヨーク・タイムズ』紙は，「穀物生産は最高値に迫る」という記事でこう報じた。今年の小麦生産高は 11 億 8,800 万ブッシェルと予想され，国内消費分は 7 億ブッシェルで，政府は海外輸出を 4 億 5,000 万ブッシェルと見積もる。一方，世界の生産状況は昨年から改善している。このなかで農務省は先週，小麦輸出は戦争以降「輸出数量制限」によって管理されてきたが，「外国が一国でわが国から輸入する小麦数量にはもはや上限はない」と発言した，と[23]。

『フォーチュン』誌（1950 年 1 月）は，商品信用公庫（CCC）による主要農産物への価格支持政策（主要農産物の 90% パリティ維持——農業者は市場価格が CCC のローン価格を上回る場合には，担保農産物を引き出して市場で販売するが，下回る場合にはそのまま CCC に委ねる——）が，4 億ブッシェルもの小麦の余剰とトウモロコシをはじめ大量の余剰農産物を生んでいる事態を取り上げた。同誌は，農務省は農業者に作付面積削減を要請する一方で，「より良好な種子とより多くの肥料」の供与を通じて国内消費能力を大幅に超える余剰農産物を生み，この結果政府は昨年の小麦生産量の 21% を買い上げることになった，と厳しく批判した[24]。

こうした余剰生産力を実現した戦中戦後の農業の進展は，1930 年代に表面化した土壌浸食問題の顕在化を抑えつつ——しかもイギリスをは

---

21) *The New York Times*, U.S. Anticipates Surplus Threat, 26 November 1946, p.16.

22) FAO, *The State of Agriculture,1948: A Survey of the World Conditions and Prospects,* Washington, 1948, p.18：農林省訳『1948 年世界の食糧・農業事情』1949 年，31 ページ；服部正治『イギリス食料政策論：FAO 初代事務局長 J.B. オール』日本経済評論社，2014 年，183 ページ。

23) J.H. Carmical, Grain Crops Push Close Record: Despite Deterioration, Wheat, with Carryover, will Total 1,500,000,000 Bushels, *The New York Times,* 17 July 1949, p.1.

24) *The Fortune,* The Farmers vs. the People, January 1950, pp.63-64.

じめ連合国への莫大な食料支援を供与しつつ——実現されたものであった。戦後，大統領飢饉緊急委員会議長となったチェスター・デイヴィス（Chester Davis）は，「世界は飢える必要はない，もしわれわれが豊かであり，もしわれわれがわが国の資源とノウハウを活用するならば」（1946年7月）という論説で，戦中の農業生産力の向上を「農業方式の革命」と表現し，以下のように述べた。この論説では，30年代のダスト・ボウル下での土壌浸食と肥沃度低下という懸念は後景に退いている。

「土壌を保ち保護し，また生産性を増し，〈疲弊した〉土地の多くの活力を回復させ，さらにその有用性を更新するために合衆国で行われる必要があったすべての事柄の活用法を，われわれは知っている」。戦争中，合衆国の食料生産高は上昇を重ね，戦前水準を30％上回った。「合衆国農業者は現在，戦中に増して，土壌保全と土壌回復に一層の注意を払うことが可能である」。合衆国には「農業方式の革命」を遂行し，「土壌に新たな活力を与える」ための未利用の資本と労働が豊富に存在する。「土壌ならびに水管理の完全なプログラムは，生産増と単位コスト引下げという豊かな報酬で報われる」。「われわれは土壌浸食を止めるノウハウを持っている。われわれは，完全で健全な土壌〔維持〕に必要な石灰，リン，窒素やその他のミネラル資源を有している」。健全な土壌を保持するための条件は揃っている，必要なのは実行のための意志と費用だけである，と[25]。

同じく，1947年に刊行された『農業における科学：農業年次報告1943-1947年』は大戦中の農業生産の拡大を支えた農業科学の現況を——背景，動物，植物，樹木，土壌，昆虫，新生産物，食と衣，新実践，そして結論の区分のもとに——130編余の論説で示している。本書の関心から，関係する表現を以下のように纏めておく。

すなわち，30年前に実用化され「農業生産の革命をもたらした理論科学研究」の実例として，戦中に40％もの生産増をもたらしたハイブリッド・トウモロコシの開発は「今世紀最大の食料生産物語」と称すべきである。さらに，戦争は窒素肥料と爆薬に不可欠な合成窒素の生産拡

---

25) Chester C. Davis, The World need not go Hungry, *The New York Times,* 14 July 1946, pp.8.45-46; 服部正治「アフリカ植民地開発と農業科学——グランドナッツ計画の破綻」『立教経済学研究』76巻4号，2023年，110ページ。

大を必要としたという意味で「戦争は窒素で養われた」。窒素生産に必要な電力供給を可能にした大規模ダム建設をはじめとする，戦前20年間の科学技術発展の成果を「戦争は豊かに刈り取った」。戦中に合衆国国民の食生活は栄養学的に見て過去最高水準に達し，こうして人類史上初めて，農業・工業生産がすべての人々に「健康，教育，快適さ」をもたらす可能性を，われわれは手にした。

そして農務省長官アンダーソン（Clinton Anderson）は，『年次報告』全体の序文で「戦争中の食料生産の奇跡」を生んだ農業者の努力を称えつつ，「奇跡」を生んだ科学技術の進展が「過剰生産」をもたらす可能性をはっきりと否定した。「生活があまりに豊かになることを，またわれわれと世界の人々が良質な食料をあまりに多く持つことを心配する必要」はない，と[26]。

後にトルーマン（Harry S. Truman）大統領は就任演説（1949年1月）で，自らの行動方針の一つとして，食料不足と病弊に悩む世界の「低開発地域」の改善と成長のために，合衆国の有する「科学の進歩と産業の前進という恩恵」を供与するという内容の，政策プログラムを提起する。そこでは「低開発地域の人々の苦難を除去するための知識と技術を，人類は史上初めて保有している」との言葉にあるように，このプログラムは，戦争中の合衆国の（農業を含めた）科学の進歩に対する全き信頼に裏打ちされていた[27]。

しかしながら農務長官による過剰生産の否定にもかかわらず，「農業方式の革命」「科学の進歩」（また「第二の農業革命」「新たな土地テクノロジー」「システム・アプローチ」）がもたらした小麦生産力は，朝鮮戦争

---

26) *Science in Farming: The Yearbook of Agriculture 1943-1947*, USDA, 1947, pp.v-vi,13,30,245,561-62,759,921,923.

27) *The New York Times,* Text of the President's Inaugural Address, 21 January 1949, p.4. ラスムッセン（W.D. Rasmussen）は第一次大戦以降の，機械化の進展（人間労働の縮小）と農業生産への化学の適用を重視して「第二の農業革命」（第一は牛馬による人間労働の代替）と定義し，さらに単なる機械化よりも農業生産性へのシステム・アプローチの出現を強調する。小麦100ブッシェルの生産に要する人間労働は1930-34年の70時間から55-59年には18時間に低下した。Rasmussen, The Impacts of Technological Change on American Agriculture, 1862-1962, *Journal of Economic History*, vo.22, no.4, 1962, p.583; Rasmussen and P.S. Stone, Toward a Third Agricultural Revolution, *Proceedings of the Academy of Political Science*, vol.34, no.3, 1982, p.183.

による輸出増が終了した1954年には，政府の持越在庫を9億3,300万ブッシェルに増大させる。これは5年前に『フォーチュン』誌が問題視した量の2倍以上の在庫水準であり，同年の小麦生産量とほぼ同じであった[28]。

作付制限と価格支持を中心とする農業政策は，制限された作付地での生産量増加を促した。政府は小麦在庫の処分に迫られる。ここで，生産管理と価格支持に加えて，戦後農業政策の第三の柱となる輸出補助が登場する。共和党アイゼンハワー（Dwight D. Eisenhower）政権は1954年7月に，価格支持水準引下げとともに，「農産物貿易発展と援助法」（the Agricultural Trade Development and Assistant Act），いわゆる公法（Public Law）480号を制定し，輸出補助政策を通じた余剰小麦の処分を図ることになる。

1954年には併せて減反政策が行われ小麦作付面積が削減されたが，生産の増加傾向は止まらない。小麦作付面積は53年の6,780万エーカーから54年には5,450万エーカーに減少し，生産量も11億7,300万ブッシェルから一旦は9億8,400万ブッシェルに減少したものの，58年には5,300万エーカーの作付面積で，14億5,700万ブッシェルが生産された。50年代以降，特に60年代にかけて小麦の収量は大幅に増加する。1950年の小麦のエーカー当たり収量は16.5ブッシェルであったが，1960年26.1ブッシェル，70年31.0ブッシェル——そして83年には41.5ブッシェル——と増加する。こうした収量増加の要因は，品種改良，化学肥料増投，水管理の改善，除草・殺菌・殺虫剤投与など，多面的な農業科学研究の適用であった[29]。

---

28) W.W. コクレン（Cochrane），M.E. ライアン（Ryan）『アメリカの農業政策 1948-73（上）』吉岡祐訳，大明堂，1980年（原著は1976年），38ページ。

29) 合衆国商務省編『アメリカ歴史統計』第1巻，K502-516; D.G. Dalrymple, Changes in Wheat Varieties and Yields in the United States, 1919-1984, *Agricultural History,* vol.62, no.4. 1988, pp.31-32; E.G. Heyne, The Development of Wheat in Kansas, in *The Rise of the Wheat State,* pp.42,47.G. クンファーの研究は，大平原でのエーカー当たり小麦収量の増加（1950-87年の間に14ブッシェルから39ブッシェル；またトウモロコシは38ブッシェルから120ブッシェル）の最大の単一要因として化学肥料の施用をあげ，大平原農業が化学肥料生産のための化石燃料エネルギーに深く依存する現実を指摘する。Geoff Cunfer, *On the Great Plains: Agriculture and Environment,* Texas University Press, 2005,pp.221-22,225. 併せて指摘されるべきは，次節で検討する灌漑の進展である。

1954-59年の間に小麦在庫は急増し，年間小麦生産量とほぼ同量の在庫水準を記録した。1958年1月にアイゼンハワーは，小麦在庫処分の緊急性と過剰生産能力の長期的な整理を訴えた。すなわち，近年の「農業における科学革命は不可逆的で止まるところを知らない」。われわれは増大する生産に対して拡大する市場を，国内のみならず「世界中の衣食に事欠くすべての人々」の間で見出す術を見つけなければならない。「農産物貿易発展と援助法」の拡大，援助基金の増額が必要である，と[30]。

この後，合衆国の小麦輸出全体に占めるPL480号に基づく輸出は，56-64年の時期には平均70％を超え，65年のピーク時には80％に達する。この輸出の増加で，1960-64年（平均）の小麦の期首在庫は12億2,800万ブッシェルであったが，65-69年（平均）の期首在庫は——小麦生産量増加にもかかわらず——半減する。またこの期（平均）の輸出量は国内使用量と同額（ともに7億1,000万ブッシェル）になった。小麦の輸出先は，第二次大戦直後にはヨーロッパが中心であったが，PL480号の後はアジア，アフリカ，南米，中東といった，いわゆる第三世界にシフトした。マーシャル援助とは違って，それは援助対象国に有利な条件と引き換えに，当該国の食生活の構造自体の改編をもたらした。

すなわちPL480号は，余剰農産物在庫がもたらす政府の財政的困難を緩和するだけでなく，併せて援助対象国にパン食生活を植え付け，さらに小麦製粉事業の現地化を進めることで，小麦輸出の定着化を図る手段となった[31]。

こうした事態のなかで公刊された農務省の冊子，ナウハイム（C. Nauheim）他『小麦生産：トレンド，問題，プログラム，調整機会』（1958年）は，既述の農務省冊子『戦争と平和における小麦生産』（1945年）を受け継ぎ，現在小麦の生産能力は国内必要量のほぼ2倍の水準であるという現状認識の下で，大平原での小麦以外の飼料穀物生産の今後

---

[30] *The New York Times,* Text of the President's Farm Message to Congress, 17 January 1958, p.12. M. ウォーラスタインは，PL480号はもともとが，対外政策関係者ではなくて農業利害関係者によって発案され推進された，と指摘する。Mitchel B. Wallerstein, *Food for War-Food for Peace: United States Food Aid in a Global Context,* The MIT Press, 1980, pp.21, 34.

[31] USDA Economic Research Service, *Wheat Situation,* WS-226, November 1973, p.5: WS-230, November 1974, table 16; Winders, *The Politics of Food Supply,* pp.139, 146-50.

の見通しについて検討を加えた。しかし，結論から言うと，以下に示すように，その見通しは全体として明るくないというのがこの時点での判断であった。

大平原の東部地域では現在，小麦の作付は耕種作物の 1/5 にすぎないうえ，降雨量が比較的多いから小麦以外の作物への転換は，降雨量の少ない西部ほど困難ではない。しかし，大平原の西部では小麦が生態学的に「ずばぬけて最適な作物」である。他の飼料穀物はここでは収益が劣る「貧弱な代替物」でしかない[32]。1954 年, 55 年の小麦作付面積削減政策がもたらした飼料穀物への作付転換の実績調査によると，カンザス州中西部では転換された前年の小麦作付地のうち 2/3 はグレイン・ソルガムが栽培された。そして 26％が夏季休閑地とされた（翌年の小麦生産のための土壌湿分保存）。

グレイン・ソルガムの面積当たりの収量は通常は小麦の 4 割方多いが，単価が小麦より低いため，作付転換をした農家の純収益は転換しなかった場合よりも約 1/3 低い，というのが実態であった。さらに大平原の乾燥地域では湿潤な地域よりも，面積当たりの直接費用をカバーするのに必要な小麦収量は，相対的に低い。このことが，なぜ不利な状況にもかかわらず低い収量の土地で，数年にわたって生産が継続されるのかを説明する[33]。

ダスト・ボウルが最も厳しかった 1934 年に，ルーズベルト（Franklin Roosevelt）大統領に宛てて公刊された『国土資源計画報告』（National Resources Boad, *A Report on National Planning and Public Works*, 1934）は，大平原での耕作地の牧場，林地への転用とそれに伴う農家移転との必要性を以下のように記していた。「大平原の小麦生産地域はおそらく，採算の合う生産のためにはあまりに乾燥し危険の潜む西端の地域にまで

---

[32] 30 年代の旱魃期において，小麦の収穫量がエーカー当たり 3.3 ブッシェルであった南西部カンザスでは，トウモロコシの収量は 3.0 ブッシェル，ソルガムは 2.9 ブッシェルであり，作付作物の多様化は農家経営を安定させなかった。Stewart, *Changes on Wheat Farms in Southwestern Kansas*, pp.8,64.

[33] Nauheim et al., *Wheat Production*, pp.51,65-69,83,85. この冊子が依拠した 1954, 55 年の小麦作付転換の詳しい調査資料は，*Effects of Acreage-Allotment Progress 1954-1955: A Detailed Analysis for Selected Crops and Areas*, USDA, 1957, pp.51-74, 125-130 を参照。また cf. Riney-Keherberg, *Rooted in Dust*, pp.120-21.

広まってしまった。したがって，これらの地域の一部では小麦生産の放棄が行われて，放牧地に戻りつつある。この傾向はさらに続くであろう。……さらに，南北ダコタの東部，ネブラスカ，カンザス，オクラホマの現在の小麦栽培地の一部では，トウモロコシやその他の飼料穀物作付の増加に代替されることが予想される」，と。『報告』は大平原の小麦生産地域では，100-150万エーカーの耕作放棄と16,000戸の農家の退出を想定した。この『報告』で想定された全国規模の小麦栽培放棄地は390万エーカーであり，その40％が西部大平原であった[34]。

　ダスト・ボウル期に示された，小麦単作農業が農家の苦境を加重したという反省にもかかわらず，その後も状況は大きく変わらなかった。

　ところが，カンザス西部での小麦からの作付転換の見通しは暗いとの，ナウハイム他『小麦生産』(1958年) の評価にもかかわらず，1950年代後半から飼料穀物生産は拡大する。それを支えたのが灌漑であった。

3　灌漑：オガララ帯水層

　第1節で言及した，ダスト・ボウル下のカンザス州ハスケル郡サブレッテの状態を描いたベルの調査記録 (1942年) から四半世紀後に，サブレッテの劇的な変化を描いた，ウィリアム・メイズ (William Mays)『サブレッテ再訪：四半世紀後のカンザス農村の安定と変化』(1968年) が公刊された。メイズは，ハスケル郡はもはやダスト・ボウルで混乱した安定を欠く社会ではないことを強調し，ベルの調査が灌漑に言及しなかったのが不思議であると述べた。安定をもたらした根底の要因が地下水による灌漑の普及であったからである。灌漑の進行で，以前の小麦単作状態からは隔絶した小麦以外の多様な飼料穀物生産が進んだ，ビジネス精神に富む農業資本家が先導する〈アグリビジネス〉という世界が，

---

34)　National Resources Boad, *A Report on National Planning and Public Works in Relation to National Resources and Including Land Use and Water Resources with Findings and Recommendations,* Washington, 1934, pp. 132, 160, 181.

メイズの記した60年代後半のハスケル郡の姿であった[35]。その内実は以下のように描かれた。

「過去25年余の南西部カンザス農業の歴史は非常に大きくは灌漑の物語である」。1952-56年の厳しい旱魃を機にハスケル郡では，河川や貯水池からではなく，地下水の汲み上げによる灌漑が急速に進んだ。1939年には灌漑用地下揚水井戸は2基しかなかったが，55年には年間最大の70基もの井戸が掘られ，65年には総計263基を数える。灌漑面積は204,000エーカー，全耕作地の23％を占めるに至り，さらに急速に増加しつつある。

灌漑設備の設置と維持には多額の投資が必要で，経営規模が大きいことが前提である。65年の農家の平均農地面積は1,200エーカーであり，この規模拡大は30年代の不況下で退出した農家の吸収によってその基礎が据えられた。灌漑とともに農地価格も上昇した。

灌漑地での作付は小麦が40％で，他はグレイン・ソルガム，トウモロコシ，アルファルファといった飼料穀物が中心である——ただし1969年センサスによると，ハスケル郡でのトウモロコシ栽培の95％，グレイン・ソルガム栽培の90％が灌漑耕地であることが示すように，飼料穀物栽培のほとんどが灌漑耕地で行われている。一方，小麦栽培の2/3は非灌漑耕地である。そして，その後飼料穀物の灌漑地栽培が急増する。1970年のカンザス州全体での灌漑耕地での品目別作付面積は

---

35) William E. Mays, *Sublette Revisited; Stability and Change in a Rural Community after a Quarter Century,* Florham Park Press, 1968. 以下に記すメイズの示した数値は後のセンサスなどのそれと一致しない点もあるが，ここではメイズの数値を紹介しておく。ベルとメイズの著作を検討し，後者の論点を明瞭に示した研究として，Duane Williams and Leonard Bloomquist, From Dust Bowl to Green Circles: A Case Study of Haskell County, Kansas, *Bulletin* 662, Agricultural Experiment Station, Kansas State University, 1996 がある。ベルの調査に先立ってダスト・ボウルの最中の1937年に，カンザス州の一地方紙はハスケル郡の南隣セワード郡リベラルでの，天然ガスを動力とする100フィートの深堀井戸からの地下揚水による灌漑実験の事例を紹介している。ただしこの記事は，「幾年間にもわたる地中深くからの大量の揚水の影響はどうだろうか。いつまでこの水はもつのだろうか。地下水位のさらなる低下という危険はないのだろうか……この地域が最終的に地表にも地下にも水がなくなってしまうという危険はないのだろうか」という懸念も同時に示している。*The Iola Register,* 30 September 1937. p.4. Cf. Pamela Riney-Keherberg, From the Horese's Mouth: Dust Bowl Farmers and their Solutions to the Problem of Aridity, *Agricultural History,* vol.66, no.2, 1992, p.148. ただしメイズが指摘するように，地下水灌漑の本格採用は1950年代を待たねばならなかった。

トウモロコシ＝67万エーカー，グレイン・ソルガム＝64万エーカー，小麦＝26万エーカーである――[36]。灌漑によってソルガムのエーカー当たり収量は75ブッシェルから100ブッシェルに増加し，今日カンザス州のソルガムの収量は合衆国最高である。こうしてハスケル郡は，25年前の小麦という「単一の現金作物州」から「よりバランスのとれた経済」に変わりつつある。

　灌漑は農作業の通年化と労働力の流入をもたらした。従来の小麦単作農業では実際の農作業期間は作付・収穫期を中心に限られていたが，灌漑によって多様な作物栽培が可能になり，年間を通しての農作業が必要になる。灌漑設備の維持管理を含めて，農業労働者確保のために郡・州外からの流入が必要になった。このためハスケル郡の人口は1930年代の減少から一転して増加している。加えてハスケル郡西部にガス田と石油田が発掘され，それらは灌漑ポンプ用エネルギーを供給するとともに，関連産業労働者の流入をもたらした。

　さらに飼料穀物栽培の増加によって，従来の牧草地での畜牛飼育に代わって，飼料穀物の給餌によって若年牛を短期間で，しかも集中的に肥育するフィードロット（feedlot : commercial feed yard）が立地し，1960年頃から畜牛の飼育頭数は増加する。ハスケル郡では1963年には32,700頭と3年前の2倍である。

　メイズは結論で灌漑の意義をこう記した。「とりわけ1950年代初頭以降現在まで引き続き，灌漑は，以前のいかなる時にもまして大地からの収穫をもたらす人々の努力の基盤を成してきた。…/…キイワードは〈水〉である。もしハスケル郡が灌漑からの水を得られなければ，灌漑農業者もドライランド〔＝灌漑を行わない〕農業者もともに，〔ここから〕出ていかざるを得なかったであろう。水があって初めて人口は増加するであろう」，と[37]。

　井戸掘削・揚水ポンプ技術の向上とポンプ動力の開発（電気，ディーゼル，天然ガス）とともに，灌漑耕地はカンザス州全体で顕著に拡大した。1959年から64年の5年間に灌漑面積は1.3倍に増え，100万エー

---

36) Huber Self, Irrigation Farming in Kansas, *Transactions of the Kansas Academy of Science,* vol.74, no.3/4, 1971, p.315; *1969 Kansas Census of Agriculture-County Data,* p.335.

37) Mays, *Sublette Revisited,* pp.1,3,4,18-19,34,38,57,64,113,129-30.

カーを超える。さらに1970年代の10年間に1.8倍，270万エーカーに増加する——なお1945年には10万エーカー以下であった——。戦後の灌漑急増は著しい。その中でも降雨量の少ないカンザス西部地域の灌漑面積は州全体の約7割を占め，特に南西部に集中する。東部では灌漑面積は比較的少ない。2000年の数値では，ハスケル郡はカンザス州第二の灌漑面積を誇る。

　2000年には，カンザス州全体では全耕地面積の15％程度が灌漑耕地であり，灌漑耕地での農業生産金額が全耕地農業生産金額に占める割合は25％程度であるが，ハスケル郡では全耕地面積の77％が灌漑耕地であり，耕種作物生産金額の92％が灌漑耕地から生み出されている。ハスケル郡では灌漑耕地での作付品目中トウモロコシが6割を占める。小麦，グレイン・ソルガム，トウモロコシについて灌漑耕地エーカー当たりの産出金額と非灌漑耕地でのそれとを比較すると，小麦では1.4倍，グレイン・ソルガムでは1.3倍，トウモロコシでは3.8倍灌漑耕地の産出金額が大きい。トウモロコシはこれらの中で最も水を必要とする作物であり，灌漑耕地でのトウモロコシ作付増加の要因がここにある[38]。

　灌漑耕作が進んだ1950年代以降2010年までの間に，カンザス州でのトウモロコシ生産量は6.8倍（8547万→5億8,125万ブッシェル）に，グレイン・ソルガムは38倍（4469万→17億1,000万ブッシェル）に増加した。同じ期間の小麦の増加の2.0倍（1億7,800万→3億6,000万ブッシェル）に比べると，飼料穀物としてのトウモロコシ，グレイン・ソルガムの増加は著しい。「小麦州」カンザスにおいても，小麦生産の収益性がトウモロコシ，グレイン・ソルガムといった飼料穀物のそれに比して低いという現実の反映であった[39]。

---

　38) D.H. Rogers et al., Irrigation Impact and Trend in Kansas Agricultural, presented at Mid-Central ASAE Conference, St. Joe, MO, 2003; D.H. Rogers and Freddie Lamm, Kansas Irrigation Trend, Proceedings of the 2012 Central Plains Irrigation Conference, Feb.21-22, 2012, Colby Kansas; S.R. Evett et al., Past, Present, and Future of Irrigation on the US Great Plains, *Transactions of the American Society of Agricultural and Biological Engineers,* vol.63, no.3, 2020, pp.708,710; V.L. McGuire et al., Water in Storage and Approaches to Ground-Water Management, High Plains Aquifer, 2000, *US Geological Survey, Circular* 1243, 2003, p.25.

　39) USDA, Commodity Cost and Returns, Historical Costs and Returns: Corn, Wheat. https://www.ers.usda.gov/data-products/commodity-costs-and-returns/ カンザス州南西部に限定すると，トウモロコシ生産量は灌漑が普及する1960年以前から半世紀間で200倍以上に

カンザスでの 2017-21 年の冬小麦の栽培面積当たりの年間産出金額は，実質価値で見ると 1949-1954 年のそれよりも低い。特に 1996 年の Federal Agriculture Improvement Act によって作付品目の自由度が増し，また輪作技法の変化（小麦/休閑から小麦/グレイン・ソルガム/休閑），トウモロコシ・大豆の遺伝子組み換えならびに除草剤耐性品種の開発は，1980 年代中葉には 80％を占めた小麦作付割合を，2010 年には 50％に減らした[40]。

カンザスでの小麦作付面積は，1960 年代以降では 1982 年の 1,410 万エーカーが頂点であった。1973 年の，旧ソ連への大量小麦輸出が象徴する急速な穀物輸出と生産増加は，80 年代に至って輸出先をめぐる競争の激化とともに長期の農業不況をもたらした。1983 年にはレーガン（Ronald Reagan）政権による減反政策と 1985 年農業法による大幅な生産調整が行われた。

これ以後はカンザスでも小麦作付面積は減少傾向を示す。2000 年以降は 1,000 万エーカーを下回る。2022 年は 730 万エーカーであった。生産量も全体として 80 年代以降停滞・減少傾向である。1980 年代の年平均生産量は 3 億 7,340 万ブッシェルであったが，2010 年代は 3 億 3,380 万ブッシェルであり，歴史的な旱魃が続いた 2022 年では 2 億 4,400 万ブッシェルと 21 世紀で最低であった。21 世紀初めの時点で，カンザス州全体では，トウモロコシの産出金額は小麦のそれを上回る。灌漑の広まるカンザス南西部に限ってみると，トウモロコシの生産金額は小麦のそれの 1.8 倍であった。ハスケル郡では，生産金額ではトウモロコシが小麦の 5 倍とトウモロコシ生産の比重がきわめて高い。

カンザスは現時点でも合衆国最大の小麦生産州であり，合衆国小麦生産量の 2 割程度を産出しているが，同時にカンザスは最大のグレイン・ソルガム生産州であり，合衆国全体の 5 割以上の生産量を誇る。また

増加した。M.R. Sanderson and R.S. Frey, Structural Impediments to Sustainable Groundwater Management in the High Plains Aquifer of Western Kansas, *Agriculture and Human Values,* vol.32, 2015, p.408.

40) Johnathan Holman et al., Historic Winter Wheat Yield, Production, and Economic Value Trends in Kansas, the "Wheat State", *Crop Science,* vol.64, no.2, 2024, pp.926,929; Gary Vocke and Mir Ali, US Wheat Production Practices, Costs, and Yields: Variations across Regions, USDA, *Economic Information Bulletin,* no,116, 2013, pp.2-4.

3　灌漑：オガララ帯水層　　　　　　　　　181

トウモロコシは全米 7 位であるが，カンザス州内での 2022 年の生産金額では小麦の 2 倍である。2007 年の再生可能エネルギーの使用義務量引き上げによるトウモロコシのエタノール使用の拡大は，トウモロコシ栽培の拡大を促した――なお合衆国全体で見れば，2022 年のトウモロコシ生産量のうち，エタノール使用の割合は 45％ を占め，飼料用使用の 40％ を上回る――。また大豆の生産量も近年急増し，産出金額では小麦に迫る[41]。

　大平原での小麦以外の飼料穀物栽培の見通しは明るくないと結論したナウハイム他『小麦生産』（1958 年）から半世紀，カンザスはなお「小麦州」の地位を保持しているが，小麦を上回る「飼料穀物州」でもある。それを可能にしたのが，メイズの強調した灌漑であった。

　カンザス州成立 125 周年を記念して公刊された G. ハム，R. ハイアム編『小麦州の生成――カンザス農業の歴史，1861-1986 年』（1987 年：注 5 以降各所で言及）は，小麦作付面積・小麦生産量においてほぼそのピークの時期の記念碑的書物であった。その書物も第 5 章では，灌漑の進展がカンザス南西部を主要なトウモロコシ生産地域に押し上げた現実にふれて，「カンザスは小麦州であるが，〔小麦〕単作州ではない」と記した[42]。それから 30 年，今度は，飼料穀物に比した小麦栽培の収益低下を指摘して「グッバイ。カンザス小麦？」という記事が現れた。また 2022 年の旱魃が象徴する気候変動という現実――Hot, Dry, Windy な気候――は，90 年前のダスト・ボウルの記憶を呼び起こすとともに，カ

---

[41] USDA/NASS 2023 State Agriculture Overview for Kansas；Johnathan Holman et al., Historic Corn Yield, Production, and Economic Value Trends in Kansas, *Agronomy Journal*, 2024, pp.5-6; Kansas Wheat History, News Release, October 2023; Kansas Farm Facts, Kansas Department of Agriculture, 2023；Rogers et al., Irrigation Impact and Trends in Kansas Agricultural, 2003; H.L. Kiser and F. Orazem, Marketing and Exporting of Kansas Agricultural Products, in *The Rise of the Wheat State*, p.155；Feed Grains Sector at a Glance, USDA Economic Research Service, 2024. エタノール精製の搾りかすはフィードロットでの畜牛の重要な飼料である。

　T.J. Lark et al., Environmental Outcomes of US Renewable Fuel Standard, *PNAS*, vol.119, no.9, 2022 は，化石燃料依存からの脱却を謳ったエタノール使用引き上げが，トウモロコシ価格上昇とトウモロコシ作付拡大，さらには大豆，小麦作付拡大をもたらし，この結果化学肥料使用増大を通じて水質悪化を招来したのみならず，温室効果ガス排出削減目標をも叶えていないと主張する。

[42] Frank Bieberly, Other Crops in the Wheat State, in *The Rise of the Wheat State*, p.71.

ンザス南西部での冬小麦栽培に待ち受ける困難を明らかにした[43]。

　小麦ではなく飼料穀物生産を拡大させたのは地下水に依拠する灌漑であった。19世紀後半西部で広く見られた風車による地下揚水は10m以上の深さの汲み上げは困難で，その用途は主に生活用水用と放牧牛用水場であり農業灌漑用ではなかった。カンザスでは初期にはアーカンザス川からの水路引き込みが一部見られたが，1950年代以降揚水ポンプで汲み上げられた地下水を耕地の畔に沿って流し込む湛水灌漑（flood irrigation）が広まった。しかし湛水灌漑方式では，耕地全体に行き渡る間の水分蒸発が大きく，灌漑効率としては無駄が多い。散水効率は65％程度にとどまる（35％が蒸発もしくは作物には過剰）。

　60年代以降センター・ピボット方式の灌漑が進む。センター・ピボット方式は湛水灌漑方式に比べて20-25％散水効率が高まり，地下水汲み上げ量を節約できた。しかも，スティールならびにアルミ製パイプで組み立てられたアームによって自走式で広範囲（標準的には半径400m）の円面積（124エーカー）に灌漑できるうえに，省力化も可能である。1970年には，センター・ピボット方式は全体の1/6程度であったが，1990年には同方式が5割を占め，2000年には8割を超える。近年ではセンター・ピボットにサイフォン式のノズルを備え，散水効率をさらに高める方式が採用されつつある。しかもセンター・ピボット方式では水の中に液体肥料や，農薬，除草剤も注入可能（chemigration）で，農作業効率も高まる。

　センター・ピボット方式の灌漑施設は半径400mの場合には，設置費用だけで13-26万ドルの初期投資が必要となる。さらにそれは，運転保守費用を含めて，高エネルギー消費と高コスト構造を内生化し，経営規模の拡大と負債増大をもたらす。さらにセンター・ピボット方式は塩害と地下水汚染と土壌浸食を引き起こしもする。灌漑散水効率を高めるために散水量が節約され，このため塩分蒸発が不十分で，降雨不足の中では土壌の塩化を生む。加えて広範囲の灌漑のために，風よけの低木が除

---

43) Tony Dreibus, Goodbye, Kansas Wheat ?: Is Wheat going the Way of Oat Production in the US ?, *Successful Farming*, 26 March 2018. (accessed on 2024.6.30); David Condos, Kansas Wheat Farmers Face a Tougher Future as Climate Change Ramps up Dry, Hot, Windy Weather, *Kansa News Service,* 16 January 2023.

去され，土壌浸食の危険が増す[44]。

　さてこうした灌漑拡張を支えた地下水は主にオガララ帯水層（Ogallala Aquifer）と呼ばれる，大平原のハイ・プレインズ地域の南ダコタからネブラスカ，ワイオミング，カンザス，コロラド，オクラホマ，ニュー・メキシコ，そしてテキサスに広がる合衆国最大の地下水層である。帯水量は合衆国第三の湖ヒューロン湖の水量に匹敵すると言われる。オガララ帯水層は半乾燥地帯の農業者にとっては，まさに「地下の雨（underground rain）」であり，「オンデマンド人工雨（man-made rains on demand）」であった[45]。

　だがメイズ『サブレッテ再訪』が結論で，「現在の〔地下〕水のレベルは全く十分なようだが，近年井戸の水位が以前よりもずっと下がってきている。現地の人々は現在の状態はいつまで続くのかと時に疑っている」と記したように[46]，早くも1960年代にオガララ帯水層資源の有限性は認識され始めていた。降雨量の少ない大平原では，地下水脈の涵養は少なく，この意味でオガララ帯水層は「化石地下水」とも称され，オガララからの地下水汲み上げによる灌漑農業は，「ファウスト的取引」と類比される[47]。

---

　44) B.R. Scanlon et al., Groundwater Depletion and Sustainability of Irrigation in the US High Plains and Central Valley, *PNAS,* vol.109, no.24, June 2012, 9324; David E, Kromm and Stephen E. White, Groundwater Problems, in Kromm and White ed., *Groundwater Exploitation in the High Plains,* University Press of Kansas, 1992, pp.55-56; 矢ヶ﨑典隆，斎藤功「アメリカ合衆国ハイプレーンズにおける灌漑化と農業地域の変化」『新地理』46巻4号，1999年。2022年3月に以下の報道がなされている。すなわち，カンザス州南西部をはじめ各郡の農場での大量の窒素肥料施用が地下水汚染をもたらし，基準値を超える窒素が水道水に検出されて，多額の濾過装置費用の負担が人口の少ない地方自治体の財政を圧迫している，と。David Condos, As Fertilizer Pollutes Tap Water in Small Towns, Rural Kansans Pay the Price, *Kansas News Service,* 28 March 2022.

　45) Matthew Sanderson, R. Frey, From Desert to Breadbasket…to Desert Again? A Metabolic Rift in the High Plains Aquifer, *Journal of Political Ecology,* vol.21, 2014; Green, *Land of the Underground Rain*; John Opie, *Ogallala: Water for a Dry Land,* 2nd ed., University of Nebraska Press, 2000（1st ed., 1993），p.144.

　46) Mays, *Sublette Revisited,* p.130.

　47) オピイの研究はこう指摘する。サブレッテ周辺の農業者は，1970年には300年分の地下水があると結論した。だが1980年には70年分に，そして1990年には30年分以下に，と彼らの見積もりは下がった。Opie, *Ogallala,* pp.3, 295-96. 1970年代には幾つもの地方紙が地下水涸渇に言及していた。Cf. Lucas Bessire, *Running Out in Search of Water on the High Plains,* Princeton University Press, 2021, p.191. 1980年にはすでに，カンザスやテキサスでは

1981 年の『ニューヨーク・タイムズ』紙の記事は，カンザス州西部スコット・シティ（スコット郡）での地下水位低下問題と地下揚水燃料費の高騰問題を取り上げ，あわせて水位低下の地域差にこう言及した。すなわち，カンザス，テキサスでは地域によって地下水位は年に 60-150cm も低下しているが，ネブラスカではあったとしても年数インチでしかない，と[48]。

　この記事が指摘したように，オガララ帯水層の帯水量，また帯水層の地表からの水位は州によって異なる。大平原の中でロッキー山脈と西経 100 度線で画された，ハイ・プレインズにおける地下水はネブラスカに 65％，テキサスに 12％，カンザスに 10％存在した。他の州は少ない。同じ州，郡内でも井戸によって水位は異なる。また帯水の汲み上げによる水位の変化も異なる。クロムとホワイトの研究が述べたように，1970 年代中葉以降オガララの水位低下は全国の注目を集め，政府，自治体また各種メディアは事実上再生不能な地下水源の灌漑農業による「採掘」問題を取り上げ，80 年代初めにはハイ・プレインズでの地下水位低下はほとんど日常用語となった。こうして国民レベルでの関心は，オガララは枯渇しつつあるのかどうかだが，現地の関心はどこでオガララは枯渇しつつあるのかだった[49]。

　地域差が大きい。オガララ帯水層の地表部分で灌漑耕作が行われているのは 2 割弱程度であり，しかも地域によって帯水層の深さは大きく異なる。帯水量の過半を占め，相対的に降雨量も多くまた有孔性の地質のゆえに水脈の涵養も多いネブラスカでは，最大の灌漑面積（20 世紀末で 630 万エーカー）を誇るにもかかわらず，21 世紀に至っても涸渇は小

30m 以上水位が低下した井戸が報告されていた。V.L. McGuire, Water-level and Recoverable Water in Storage Changes, High Plains Aquifer, Predevelopment to 2015 and 2013-15, *Scientific Investigation Report 2017-5040*, US Geological Survey, p.1.

　48) William Schmidt, Depletion of Underground Water Formation Imperils Vast Farming Region, *The New York Times*, 11 August 1981, p.B4.

　49) Kromm and White, The High Plains Ogallala Region; Do, Groundwater Problems, in Kromm and White ed., *Groundwater Exploitation in the High Plains*, pp.15-16,44-46. オピイは早くも 1980 年に，カリフォルニアでの水利問題，オガララ帯水層水位低下，二酸化炭素排出による温暖化，中西部農業地帯での砂漠化に言及し，合衆国における「水危機」を指摘して「国レベルでの水資源政策」の必要を訴えた。John Opie, For a US Water Policy, *The New York Times*, 29 December 1980, p.A19. 危機の発現がまずは部分的・局所的であることが，国レベルでの資源保護政策の有効な実施を困難にしている。

さい。だが中部南部のカンザス（同 270 万エーカー），テキサス（同 440 万エーカー）では涸渇ははるかに大きい。

ハスケル郡周辺では，1950 年代から 2000 年の間に滞水量は平均 25-50％減少した。ハスケル郡と西隣のグラント郡は，カンザス州で最も地下水位の低下が大きい地域である。1950 年代から 2013 年までにハスケル郡のほぼ全域で 30m 以上，また半分近くの地域で 45m 以上地下水位が低下している[50]。短期でみても，1996 年から 2012 年の間のカンザス西部・中部の平均水位低下は 4.2m だが，ハスケル郡を含む南西部に限ってみれば平均 9.8m 水位が低下した[51]。『ニューヨーク・タイムズ』誌のカンザス，ハスケル郡発記事（2013 年 5 月 20 日）は，2011・12 年の厳しい旱魃に際して大量の灌漑用水汲み上げが，州平均では 1.28m 水位を低下させたが，ハスケル郡のある井戸では 9m 低下したことを伝えている[52]。

次の地図は，オガララ帯水層の水位低下が大きいところ（46m 以上）が濃い色で示される。カンザス州ではハスケル，グラント，スタントン郡の水位低下が顕著である。

総じて言えば，ハイ・プレインズのオガララ帯水量は 1950 年代からの半世紀以上（2012 年まで）の広範な灌漑開発にもかかわらず，全体では 10％程度の枯渇にとどまる。しかしこの帯水量減少の 95％は水位が 7.5m 以上低下したテキサス，カンザスを含む計 1,700 万エーカーの広さの地域で生じている。テキサスを中心とする南部ハイ・プレインズでは 48％の帯水量減少，カンザスを含む中部ハイ・プレインズでは 30％

---

50) Scanlon et al., Groundwater Depletion and Sustainability of Irrigation in the US High Plains and Central Valley; V.L. McGuire, Water-level and Recoverable Water in Storage Changes, High Plains Aquifer: Predevelopment to 2015 and 2013–15; E.C. Rhodes et al., The Declining Ogallala Aquifer and the Future Role of Rangeland Science on North American High Plains, *Rangeland Ecology & Management,* 87, 2023, p.86.

51) Joan Kenny and Kyle Juracek, Irrigation Trends in Kansas, 1991-2011, *US Geological Survey;* McGuire et al., Water in Storage and Approaches to Ground-Water Management, p.33.

52) Michael Wines, Wells Dry, Fertile Plains Steadily Turn to Dust, *The New York Times,* 20 May 2013, p.A1. この記事は，カンザス・コロラド州境の地下水位が低下した農場が，順に――直ちに，また何年，何十年の間に――廃業していく様を「スローモーション・クライシス」と表現した。

第 5 章　穀物輸出と地下水涸渇

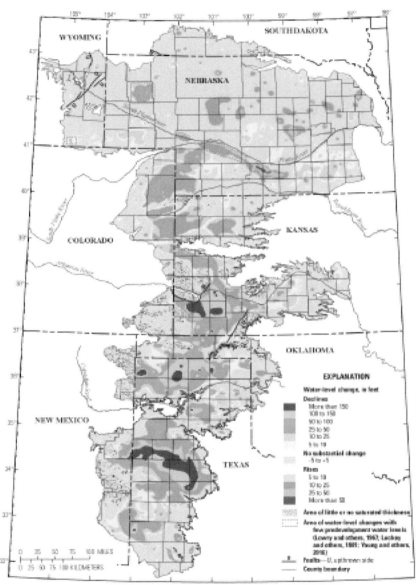

出所）V.L.McGuire, Water-level and Recoverable Water in Storage Changes, High Plains Aquifer, Predevelopment to 2015 and 2013-15, *Scientific Investigations Report 2017-5040*, US Development of Interior.

の減少が推計されている[53]。そしてまさしくこの地域こそ1930年代ダスト・ボウルの中心地であった。

　地下水位の低下は地下水汲み上げコストを増加させる。カンザス西部では，揚水コストはトウモロコシ栽培費用——外部費用は含まれていない——の1割を占める。水位低下ならびに時間当たり揚水量減少による揚水コスト増加のため，ポンプ揚水の停止，灌漑耕地の放棄が行われる例も見られる[54]。第一次オイル・ショックを経た1977年に，早くも『ワシントン・ポスト』紙は「不足。最初は石油，次は水」と題する記事で，エネルギー危機は誰もが知っている，「同じことが——ただし〔石油と〕同じペースではないが——もう一つの必需財である水で起こっている」と警鐘を鳴らし，水問題は西部で最悪の状態だと書いた[55]。

　農業経営上必需財である水のコストは，灌漑耕作の場合には，その利用に必要なエネルギーコストと一体である。しかも灌漑による収量増加は土壌の窒素補填の必要を増す。化成窒素肥料増投はその生成のためのエネルギー消費増大の上に初めて可能である。

　カンザス州では灌漑面積のピークは1980年の350万エーカーであり，以後緩やかに減少し，2021年は310万エーカーである。州内最大の灌漑耕地面積の西部カンザスでは210万エーカーである。地下水汲み上げ量のピークは90年代である。地下水節約，不耕起栽培，飼料穀物品種の改良によって，汲み上げ量の減少は飼料穀物生産量の減少に直結はしない。しかし，飼料穀物が圧倒的に灌漑耕地で生産されている現状では，汲み上げ量は中期的には生産量を制約する。地下水汲み上げ量の減少が穀物生産に与える影響を論じた一研究（2020年）は，カンザスでの穀類生産量の減少は，1990年代の地下水汲み上げ量の減退から24年間

---

53) Erin Haacker et al., Water Level Declines in the High Plains Aquifer: Predevelopment to Resource Senescence, *Groundwater*, vol.54, no.2, 2016, pp.236-38.

54) McGuire et al., Water in Storage and Approaches to Ground-Water Management, p.47; Lisa Pfeiffer and C.-Y. Lin, The Effects of Energy Prices on Agricultural Groundwater Extraction from the High Plains Aquifer, *American Journal of Agricultural Economics*, vol.96, no.6, 2014, pp.1349,1352. 帯水量が50%減ると，揚水可能量は以前の25%になる。Kromm and White ed., *Groundwater Exploitation in the High Plains*, p.46

55) Margot Hornblower, Shortage: First Oil, And Now…, *Washington Post*, 12 December 1977.

のタイム・ラグを経て，2018年に始まっていると主張している[56]。

　1986年から2018年の間の合衆国での耕作放棄地を推計した研究によれば，耕作放棄面積が最大の州はテキサス（464万エーカー）であり，次いで北ダコタ（213万），カンザス（175万），モンタナ（169万），南ダコタ（152万），オクラホマ（146万）と大平原諸州が並ぶ。この研究は中・南部オガララ帯水層の地下水涸渇をこの地域での灌漑耕地喪失，そして放牧地化と関連付けた。ちなみに，ここで示された大平原での耕作放棄地の合計は，1919年までの10年間に大平原で草地開墾され小麦が作付された面積にほぼ匹敵する[57]。

4　飼料穀物生産と牛肉産業

　南北戦争後には，大平原の牧草で飼育されたテキサス州南西部の牛がカンザス州アビリーンをはじめ，ウィチタ，そして「カウボーイのキャピタル」と呼ばれたドッジ・シティなどに移動され，そこから鉄道で大消費地を抱えるシカゴ，セントルイスをはじめ各地に輸送され，屠畜され，そして出荷されていた。1866-80年の間に420万頭を越える牛がカンザスに運ばれた。19世紀後半のカウボーイに象徴される「牛追い（cattle drive）時代」には，「畜牛王国」が大平原南西部に生成した。しかし畜牛業者の増加と耕種作物農業者の進出とともに，無所有の草原（open range）が減少し，有刺鉄線で囲まれた牧草地や水飲み場を備えた牧場（ranch）での肥育が発達した[58]。

---

[56] Assaad Mrad et al., Peak Grain Forecasts for the US High Plains Withering Waters, *PINAS*, vol.117, no.42, 2020, 26147. また O.S. Obembe et al., Changes in Groundwater Irrigation Withdrawals due to Climate Change in Kansas, *Environmental Research Letters*, 18, 2023, p.7; S.R. Evett et al., Past, Present, and Future of Irrigation on the US Great Plains, pp.706-07; Jonathan Aguilar and Danny Rogers, *Kansas Irrigation Trends*, Kansas State University, 2023, p.1.

[57] Yanhue Xie et al., Cropland Abandonment between 1986 and 2018 across the United States: Spatiotemporal Patterns and Current Land Uses, *Environmental Research Letters*, 19, March 2024, pp.11,16. ただし耕作放棄地の数字には（その定義により）±24％の誤差の可能性がある。『ワシントン・ポスト』紙はこの論説を早速取り上げた。Erin Blakemore, Study Says Tens of Millions of Acres of Cropland Lie Abandoned, Including near Major Aquifer, *Washington Post*, 11 June 2024.

[58] Walter Webb, *The Great Plains*, pp.223-25, 239-40; Donald D. Stull and Michael J.

こうした歴史的背景のある大平原での畜牛飼育だが，当時の牛の飼料はほとんどが牧草ならびに（冬季には）秣であった。だが，現在ではフィードロット（集中肥育場）への移送される300kg程度の若齢牛は1日に13-15kgの飼料穀物（主にトウモロコシ，グレイン・ソルガム，アルファルファ，搾りかす，干草）と栄養補給剤（成長促進そして抗生物質）によって肥育されている。なによりも短期間——4-6か月間（この間に給餌されるトウモロコシは50-60ブッシェル＝1,270-1,524kg）——で550-600kgに肥育し，出荷し屠畜することが優先されている[59]。1978-2017年の大平原での牛畜（畜牛と仔牛）頭数はほとんど変わっていない（4,450万頭—4,470万頭）が，肥育後屠畜される牛1頭当たりの平均重量は増加している（473kg→613kg）。このため40年間で牛肉生産量は3割増加した[60]。

飼料用穀物生産の増大が，とりわけ1980年代以降のカンザス，テキサス，ネブラスカを含め大平原での大規模畜牛生産システムの生成と発展を支えた。K. クラウスの『畜牛飼育』（1991年）が示したように，合衆国での畜牛生産は第二次大戦後から20世紀の間に大きな変化を遂げた。それは畜牛の生産システムそれ自体の変化とともに，生産地域の変化を伴った。

第二次大戦後，畜牛生産はコーン・ベルトのアイオワ，イリノイ，ミズーリ州をはじめ中部プレーリー地帯が中心であり，コーン・ベルトの農業者は自らが生産したトウモロコシ（さらに大豆と牧草）を主たる飼料にして，比較的小規模の畜牛飼育を行い，生産された畜牛の屠畜・出荷はシカゴをはじめ大消費地近郊で行われていた。屠畜・出荷は消費と近接していた。ところが70年代以降コーン・ベルトでの畜牛生産は減少する。最大の畜牛出荷を誇ったアイオワでは1970年の452万頭（肥

Broadway, *Slaughterhouse Blues: The Meat and Poultry Industry in North America,* Wadsworth, 2nd ed., 2013, pp.32-33；吉田忠，宮崎昭『アメリカの牛肉生産——経済構造と生産技術』農林統計協会，1982年，5-6ページ。

59) Risa Harrington and Max Lu, Beef Feedlots in Southwestern Kansas: Local Change, Perceptions, and the Global Change Context, *Global Environmental Change,* Vol. 12, no. 4, 2002, p.2；Stull and J. Broadway, *Slaughterhouse Blues,* chap.2.

60) T. Klemm, D. Briske, Retrospective Assessment of Beef Cow Numbers to Climate Variability throughout the US Great Plains, *Rangeland Ecology & Management,* October 2019, pp.3-4.

育牛)から1989年には178万頭に,イリノイでは同じく117万頭から62万頭に減少した。

一方,中部プレーリーのコーン・ベルトでの減少と対照的に,カンザス,テキサス,ネブラスカなどの西部大平原地帯での畜牛生産が急速に増加する。カンザスでは1970年の189万頭(肥育牛)から1989年には425万頭に,テキサスでは314万頭から475万頭に,ネブラスカでは361万頭から507万頭にそれぞれ増加した[61]。

こうした変化をもたらした要因は,大量の肥育を可能にする飼料用穀物生産地の形成と,フィードロットで大量に集約的に肥育し,そして屠畜し解体した牛の(骨や脂肪を取り除いた)食肉部分の出荷・輸送にあたっての冷凍・冷蔵設備の開発であった。食肉加工会社IBPが1960年代に開発した,真空パックの「箱詰め牛肉」がそれである。これによって輸送コストが大幅に低減された。精肉の手間と保管場所が縮小され,小売り段階までの流通が大幅に合理化された。さらにまた,屠畜工程が徹底的に分業化・流れ作業化され,労働者に要求される熟練度が低められた。流れ作業のスピード・アップが進み,コスト引き下げが行われた。

畜牛生産がその飼料穀物生産に近接した結果,屠畜・出荷は消費と物理的に離れることが可能になった。1990年代初頭に行われたカンザス州南西部フィードロット調査は,消費人口が少なく・飼料穀物生産が拡大するハスケル郡近隣の諸郡に――ハスケル郡の北に位置するガーデン・シティ(フィネー郡)をはじめ――数多くのフィードロットが集積し,さらに肥育された肉牛の屠畜,出荷を行う加工施設も設置され,加えて巨大穀物商社による牛肉処理施設の系列化が進み,飼料‐牛肉産業

---

61) Kenneth R. Krause, *Cattle Feeding, 1962-89: Location and Feedlot Size,* USDA Agricultural Economic Report, no.642, 1991, table 11. こうした畜牛生産地の移動と肥育主体の変化の進行は,1970年代にははっきりと認識されていた。「1960年以前は,畜牛飼育は主にコーン・ベルトの小規模農業者兼飼育業者(small farmer-feeders)が支配的であった。……しかしながら1974年には畜牛飼育の主力は小規模農業者兼飼育業者から南部プレインズと西部諸州〔=カンザス,コロラド,オクラホマ,テキサス,ニューメキシコ〕の大規模商業的フィードロットに移った」。D. A. Reimund et al., *Structural Change in Agriculture: The Experience for Broilers, Fed Cattle, and Processing Vegetables,* USDA Technical Bulletin, no. 1648, 1981, pp.15-16; 吉田,宮崎『アメリカの牛肉生産』第1章,補論1。

の垂直的統合が進行する事実を教えている[62]。

　フィードロットの集積に牛肉処理施設の集積が続いた。1996 年には，全国の牛肉処理施設が購入した畜牛の 3/4 が大平原 5 州（テキサス，カンザス，ネブラスカ，オクラホマ，コロラド）のフィードロットで生産されていた。フィードロットでの肥育飼料は多くが飼料用穀物である。牧草だけで育った牛肉は今世紀初めの全牛肉市場の 5％以下にすぎない。

　畜牛生産地域の変化をもたらした飼育・屠畜・出荷のテキサス，カンザスをはじめ大平原への集積は，合衆国での 1 人当たりの牛肉消費量の減少という状況の下で進行した。1976 年のピーク時の年間消費量は 43kg であったが，90 年代前半には 25kg に低下している――一方，集約的で大量生産が進んだブロイラー産業が生み出す鶏肉の消費量が急増し牛肉消費を上回るに至る――。またこの間の牛肉輸出も大きな増加を示していない。こうした中での牛生産システムの統合は，全体での牛肉処理施設数の減少と集中化・規模拡大とをもたらした。4 大企業による市場占有率は，1980 年の 36％から 20 年足らずで 80％に急増した[63]。

　カンザス南西部での畜牛飼育，屠畜，そして出荷施設の集中的立地は，南西部の三大都市ガーデン・シティ（フィネー郡），ドッジ・シティ（フォード郡：ハスケル郡の東），リベラル（セワード郡：ハスケル郡の南隣）を結ぶ地域を「牛肉生産の〈黄金の三角地帯〉」にした。ガーデン・シティは「牛肉ベルトの記念碑」となった。1970 年代初めにはカンザス南西部 14 郡の肥育牛は 40 万頭であったが，80 年代には 60 万頭，90 年代には 80 万頭を超え，2000 年には 130 万頭と急速に増加した。カンザス南西部は，若齢牛の飼育と肥育に加えて，肥育牛の屠畜，出荷を行う牛肉生産処理施設の北米最大の集積地となった。この地域の 5 大牛

　62）　斎藤功，矢ヶ﨑典隆「ハイプレーンズにおけるフィードロットの展開と牛肉加工業の垂直的統合――カンザス州南西部を中心にして」『地学雑誌』107 巻 5 号，1998 年，3・4 節。

　63）　Lopa Basu and H.W. Ockerman, Meat Consumption Trends in the United States, 2020. FORMAT OF SHORT PAPERS FOR THE 58TH INTERNATIONAL CONGRESS OF MEAT SCIENCE AND TECHNOLOGY (digicomst.ie) 近年では，牛ひき肉消費が増加し，小売り段階では 6 割を超えている。この点をとらえて，「ひき肉国民 Ground Beef Nation」と名が付けられた。この傾向は，フィードロットでの肥育方式の修正（肥育牛の選別，肥育期間の短縮，低エネルギー飼料の採用）をもたらす。Ground Beef Nation: The Effect of Changing Consumer Tastes and Preferences on the US Cattle Industry, *Rabobank AgFocus,* January 2014.

肉処理施設は，1日に23,000頭以上の屠畜能力を有していた[64]。

牛肉処理施設の寡占化が急速に進んだ。1977年には全屠畜量の84％を年間50万頭以下の処理施設が行っていたが，97年にはその割合は20％に落ち，年間100万頭以上の処理施設が63％を占めるに至った。規模の経済が，80-90年代に牛肉処理施設の規模拡大と地域集中化をもたらした原動力であった[65]。

ただしフィードロットの肥育牛が直接に（飲み水，飼料加工，設備維持など）消費する水の量は，飼料として消費される飼料用穀物生産に必要な（その意味でフィードロットにとっては間接的な）地下水量に比べれば，1％程度と圧倒的に少ない。同じく牛肉処理施設では洗浄水・冷却水として1頭当たり400ガロン（1,514リットル）-600ガロンの水を必要とするが，飼料穀物生産に使われる地下水に比べればわずかである。オガララ帯水層使用量の95％を農業灌漑用水としての汲み上げが占める以上，オガララ帯水層の枯渇問題はあくまで飼料穀物生産に要する地下水と関係付けて考えなければならない[66]。

しかし一方で，大量のそして集約的で時間節約的な肥育牛飼育は，牛の排泄物処理に伴う水質汚染という地域の生活基盤への影響（8割以上をオガララ地下水に依存する飲用水の汚染），また抗生物質供与による健康被害などの問題を生んでいる。加えて牛肉処理施設の集積は，人口が少

---

64) Stull and Broadway, *Slaughterhouse Blues,* pp.130-31; Matthew R. Sanderson, R. Scott Frey, From Desert to Breadbasket…to Desert Again ?: A Metabolic Rift in the High Plains Aquifer, *Journal of Political Ecology,* vol.21, 2014, p.520.

65) James MacDonald et al., *Consolidation in US Meatpacking,* USDA Agricultural Economic Report, no. 785, 2000, pp.4-5,7-9:table 2-1,3-2,p.37; Tina Saitone et al., Consolidation and Concentration in US Meat Processing: Updated Measures Using Plant-Level Data, *Review of Industrial Organization,* 64, 2024, pp.35,40. 現在では，ビック・フォー（タイソン，カーギル，ナショナル・ビーフ，JBS）が，牛肉処理能力の8割以上を占める。

66) Bridget Guerrero et al., The Impact of the Beef Industry in the Southern Ogallala Region, 2013,pp.12-13. https://agrilifeextension.tamu.edu/asset-exte.（accessed on 7 December 2021）; Kevin Dennehy, High Plains Regional Ground-Water Study, *US Geological Survey,* 2000. 2005-17年のカンザス州での地下水使用者の上位2％（150の自治体，企業，農場，団体）が全体の22％を使用しており，その第5位にタイソン・フーズ社がある。ただし，牛肉処理施設だけではなく，同社所有もしくは契約飼料穀物農場の地下水使用が含まれる。また第1位のWheatland Electric Cooperativeも同様である。Karen Dillon, Running out of Water Running out of Time; Dealing with the Ogallala Aquifer in Western Kansas, *The Journal,* a publication of the Kansas Leadership Center, 13 August 2018.

ない農村地域社会に大きな変化をもたらした。低賃金で厳しい労働環境の食肉処理施設においては，多数の未熟練移民労働者が雇用された。牛肉処理施設の集積，大規模化が進んだ 1980 年代に企業の再編，処理施設労働組合の弱体化が進んだ。大規模処理企業での賃金プレミアムはなくなり，80 年代に実質賃金は半減した[67]。

牛肉処理施設の集積が地域社会にもたらす経済的影響について，『カンザス・ニュース・サービス』は 2021 年にこう報道した。すなわち，40 年前の 1980 年に，タイソン・フーズ社牛肉処理施設の誘致を競い成功したカンザス州フィネー郡ガーデン・シティと，失敗したコロラド州プロワーズ郡ラマーのその後の，二つの郡の対照的な軌跡が経済的影響の内実を示している。州境を挟んで両郡は 160km の距離にある。現在ガーデン・シティの同処理施設では 3,000 人以上が雇用され，1 日に 6,000 頭以上が屠畜されている――さらに 1983 年にはモンフォート社がガーデン・シティの処理施設を更新した――。フィネー郡の人口は 1970 年から 2 倍に増加し 38,000 人を超えるが，プロワーズ郡の経済は停滞し，ラマーでは人口は 2000-2017 年の間に 17％減少した。また前者と後者の郡所得の格差も急速に拡大した。1970 年には両郡の総所得はほぼ同水準であったが，現在では前者は後者の 3 倍である[68]。

ガーデン・シティの人口増加をもたらした最大の要因が移民労働者の流入であった。19 世紀末からのシカゴに代表される牛肉処理施設では，ヨーロッパ（特に東欧）からの大量の移民労働力がそこでの厳しい労働現場を支えた。当時の屠畜現場の過酷な状況を描き，屠畜現場への公的視察の道を開く契機となったアプトン・シンクレアの小説『ジャングル』（Apton Sinclair, *The Jungle,* 1906：大井浩二訳，松柏社，2009 年）の主人公はリトアニア系移民である。一方，1980-90 年代の南西部カンザスでの処理施設での労働力は，ヒスパニック，ラティーニョ，そしてベトナム難民を含む東南アジアなど多くの移民労働者によって構成されてい

---

[67] MacDonald et al., *Consolidation in US Meatpacking,* pp.14-15.
[68] ただしこの報道は併せて，D. スタル（カンザス州立大。『牛肉処理場ブルース』〈注 58 の共著者〉）の言葉を引いて，オガララ帯水層の枯渇はガーデン・シティの成長の終わりをもたらす，と閉められた。David Condos, How a Meatpacking Plant Changed One Kansas Town and Left a Colorado Community Behind, *Kansas News Service,* 2 November 2021.（accessed on 18 July 2024）

た。現在では，ソマリア，ミャンマーからの難民も含まれる。

　タイソン・フーズの誘致に成功したガーデン・シティの人口は，誘致後10年間で18,000人から24,000人に増加した。この増加は最初の5年間で起こり，6,000人の増加はほとんどが移民労働者であった。タイソン・フーズはガーデン・シティでの最大の雇用主である。わずか5年で人口の1/4が外国からの移民が占めるようになった地方の小都市に起こる，市民生活に関わるさまざまな問題——教育，ヘルス・ケア，住居，文化，宗教，治安など——は想像に難くない。しかも低賃金と過酷な労働現場のために，1980年代後半には1年間に人口の1/5以上が入れ替わるほど離職率は高かった[69]。

　現在，「牛肉生産の〈黄金の三角地帯〉」を構成するガーデン・シティ，ドッジ・シティ，リベラルのすべてで，最大の労働雇用主は牛肉処理会社である。2018年カンザス州全体では209,000人の移民が登録され，人口全体に占める割合は7%である。だが，牛肉生産の〈黄金の三角地帯〉を構成する三つのシティのすべてで，人口構成ではヒスパニックをはじめ移民が過半を占める。しかも，いわゆる白人人口の比率が最低水準——マジョリティがマイノリティの社会——なのがこの三つのシティである（ガーデン・シティ35%，ドッジ・シティ29%，リベラル25%）[70]。

　合衆国全体の牛（ならびに豚）肉処理施設の労働者は，2020年で47万人を数えるが，そのうち44%の175,000人が移民である（ここには，施設によって異なるが14%〜40%の不法移民が含まれる）。これが，牛肉処理施設が集積するカンザス州南西部（14州）に限ると，食品製造業（food manufacturing：酪農品製造，動物屠畜・加工，果実・野菜保存を含む）に6,400人の移民が雇用され，そこでの労働力全体の68%に跳ね上がる。牛肉処理を含むこれら産業は移民労働力なしでは維持不能なのが実

---

　69) Janet E. Benson, Garden City: Meat Packing and Immigration to High Plains, *Changing Face*, 1996, (accessed on 18 July 2024) 移民労働者の住居確保のため，市郊外に移動住居（mobile home）パークが設置された。また新型コロナ・ウイルス蔓延時には，牛肉処理施設を抱える地区での労働者の感染率が2倍高いことが報告されている。Sarah Graddy, Investigation: Counties with Meatpacking Plants Report Twice the National Average Rate of COVID-19 Infections, 14 May 2020. (accessed on 31 July 2024.)

　70) US Census Bureau, QuickFacts, Dodge City, Garden City, Liberal City; Immigrants in Kansas, American Immigration Council．これら都市では19世紀後半から，鉄道（Santa Fe Railroad）関連で多くのメキシコ人労働者が雇用されていたという歴史的背景がある。

態である。さらに農業（作物生産，動物生産を含む）では 2,200 人の移民が雇用され，農業労働者の 35％ を占める[71]。

2022 年のカンザス州での農産物生産金額（約 240 億ドル）の第 1 位は畜牛（57％）であり，それに次ぐのが穀類・オイルシード・豆類（32％）である。この両者で農産物生産額の約 90％ を占める。畜牛・穀類の生産金額は輸出額に反映する。カンザス州からの農産物輸出額は 55 億ドルであり，生産金額の 23％ が輸出に回る。その内訳は，牛肉類 21.2 億ドル（39％），トウモロコシ・小麦・ソルガムを含む穀物類 13.3 億ドル（25％），オイル・シード（主に大豆）6.8 億ドル（13％）であり，多くの移民労働力に支えられた各種食肉類，穀物類が最大の輸出品目を構成する。なおハスケル郡は数多くのフィードロットを抱え，カンザス州第一の畜牛生産額（15 億ドル）を誇る。これに対して穀類の生産額は，畜牛のそれの 9％ 程度（1.4 億ドル）にとどまる[72]。

現在でもカンザス州は合衆国第一の小麦輸出州であるが，カンザスでの小麦生産が最高値を示し，『小麦州の生成』が公刊された 1980 年代には，小麦生産量に占める輸出量は 60％ に迫った。またカンザス州農産物の輸出金額に占める小麦の割合も 50％ を超えていた。例えば 1983 年には農産物の輸出金額 19 億ドル中 11 億ドル弱が小麦であった。一方牛肉輸出は皮革類を含めても 2 億ドル以下であった[73]。

現在では，畜牛輸出が穀物類・大豆輸出を上回るが，飼料穀物消費を通じて畜牛飼育・肥育が行われるから，畜牛輸出を通じて間接的に大量の飼料穀物を輸出していることになる。2022 年のカンザスでのトウモロコシ生産量は，62,800 万ブッシェルである。2022-23 年のカンザス・トウモロコシの州内の最大消費者は畜牛（18,000 万ブッシェル），次いで豚（2,600 万ブッシェル），酪農（1,400 万ブッシェル）であり，牛・豚肉輸出を通じた（間接的な）トウモロコシ輸出金額は 1.2 億ドルと推計さ

---

71) US Meatpacking Industry Faces Immigrant Worker Shortage, New Americans in Southwest Kansas: The Demographic and Economic Contributions of Immigrants in the Region, March 2022. G4G_SW-Kansas_2022.pdf (newamericaneconomy.org) (accessed on 31 July 2024).

72) 2022 Census of Agriculture: Ranking of Market Value of Ag Products Sold, Kansas; 2022 Kansas Exports by Commodity; 2022 Census of Agriculture: County Profile, Haskell County.

73) H.L. Kiser and F. Oranzem, Marketing and Exporting of Kansas Agricultural Products, in *the Rise of the Wheat State,* pp.154-56.

れる[74]。

　こうして「小麦州」カンザスは，灌漑の進展とともにトウモロコシをはじめ各種飼料穀物生産が伸長し，飼料穀物に依拠した畜牛飼育・肥育が大きく成長し，現在では牛肉が小麦を大きく上回る最大の輸出品目を占めるに至った。

　さて，牛肉1kgの生産に必要な水の量は15,000リットルとされる。この場合の牛肉生産には，その飼料である穀類生産に要する水の量が圧倒的に高い割合で含まれる[75]。この数字は，牛肉生産が大量の水を——しかもオガララ帯水層という有限な地下水を——消費し，そして消費した水から作られた牛肉を外国に輸出していることを示している。さらにまた，畜牛肥育に要する水量のうち，飼料生産に使用される化学肥料，殺虫剤，厩堆肥などの汚染物質の希釈に要する水量（grey water footprints）は，フィードロット肥育に依存する以上，増えざるを得ない[76]。

　2022年のカンザス州からの農産物輸出先の第一位は北米自由貿易協定締結国メキシコ（44.3％）であり，それに次ぐのが日本（19.9％）である。日本は合衆国牛肉輸出先の第一位であり，トウモロコシ・小麦の輸出先の第三位である[77]。

---

74) Kansas Corn Growers Association, Feeding Livestock with Kansas Corn, Feeding the Livestock Industry | Kansas Corn (kscorn.com) (accessed on 5 September 2024)

75) David Pimentel et al., Water Resources: Agricultural and Environmental Issues, *BioScience,* vol.54, no.10, 2004, p.911.

76) M.M. Mekonnen and A.Y. Hoekstra, A Global Assessment of the Water Footprint of Farm Animal Products, *Ecosystems*, vol.15, 2012 (accessed on 24 October 2024).

77) 2022 United States Agricultural Export Yearbook, USDA Foreign Agricultural Service; US Meat Export Federation, Export Statistics, 2022.

あとがき

　『大地のレイプ』の著者たちは，ダスト・ボウルがアメリカ大平原を襲った時にこう記した。「今日，都市住民は土地の上で起こっていることに実際のところなんの影響も受けていない。砂塵が北米の小麦収穫を破滅させても，ロンドンの人々は他の場所での生産余剰や以前からの繰越でパンを得ている。……都市住民は土地に対してはせいぜい生囓りの関心を持つだけである。文明安定の基礎をなす自然の微妙なバランスは彼らにはどうでもよい」，と。

　土地の上で起こっていることに生囓りの関心しか持たない都市住民の私には，第二次大戦前夜に書かれたこの言葉が心に響いた。イギリスの古典経済学への関心から研究生活を送ってきた者が，この言葉にどこまで反応できたかは自信がないが，本書は上の言葉に触発されて視野を広げようと努めた産物である。

　本書は比較的最近に集中的に書かれた。今回も知泉書館に出版をお願いした。困難な出版事情の中，市場性の少ない本書の出版を快諾いただいた知泉書館社長小山光夫氏には，格別の御礼を申しあげる。

　本書原稿の段階で，大森郁夫，新村聡，佐藤有史氏をはじめ幾人もの研究者からの励ましと批判とコメントをいただいた。また必要な文献の調査に関して，今回も立教大学図書館相互利用担当古澤良子さんから数多くの情報を提供していただいた。記して御礼したい。

　この何年間必ずしも健康に恵まれたわけではなかったが，自分にとっては新しい分野に関心を広げた本書を出版できたのは，何よりも妻の日々の支えがあったからである。彼女のさらなる健康を願って，本書の最後の言葉としたい。

2025 年 1 月

人名索引

あ行

アイゼンハワー（Eisenhower），ドワイト　173, 174
アルティ（Alty），S.W.　138
アンダーソン（Anderson），クリントン　172
アンダーソン（Anderson），ジェイムズ　65, 66
インスキップ（Inskip），T.　135
ウィカード（Wickard），C.R.　152
ウィーラー（Wheeler），L.　169
ウィルコックス（Wilcox），ウォルター　154
ウェイランド（Weyland），ジョン　37, 38
ウエッブ（Webb），ウォルター　158
ヴェブレン（Veblen），ソースティン　100, 102-04
ヴェルカー（Voelcker），オーガスタス　90
ウォスター（Worster），ドナルド　136, 138, 147, 155, 164
ウォーラスタイン（Wallerstein），ミッチェル　174
ウォーレス（Wallace），ヘンリー　135
エッジワース（Edgeworth），マライア　47-49
エドワーズ（Edwards），A.D.　164, 167
エンゲルス（Engels），フリードリヒ　23, 42, 79, 94, 95
エンサー（Ensor），ジョージ　36-40, 48

か行

カスティリーア（Castilla），ラモン　76
カニンガム（Cunningham），ウィリアム　113, 134
加用信文　4, 21
カールソン（Carlson），A.D.　127
カールトン（Carleton），マーク　160
カールマン（Carman），H.J.　78
キンズレイ（Kinsley），L.　69, 73, 75
クシュマン（Cushman），G.　72
クック（Cook），J.　33
クラウス（Krause），ケネス　189
クリパート（Klippart），ジョン　158
グルバーン（Gourburn），ヘンリー　44, 45, 53
クロノン（Cronon），ウィリアム　81, 88
クロム（Kromm），デイヴィッド　184
クンファー（Cunfer），G.　123, 173
ケアード（Caird），ジェイムズ　66, 68-71, 74, 75, 78, 85, 87-91, 96, 97, 100, 107, 108, 157, 158
ケアリー（Carey），H.C.　86
ケイン（Cain），P.J.　95, 115, 116
ケインズ（Keynes），J.M.　95, 116, 118, 121, 134, 135
コーエン（Cohen），R.L.　138
コブデン（Cobden），リチャード　56
コリンズ（Collins），E.J.T.　92

さ 行

佐藤有史　36
ジェイコブ（Jacob），ウィリアム　9, 10, 27, 58, 59
ジェヴォンズ（Jevons），W.S.　64, 65
シフトン（Sifton），C.　113, 114
ジャックス（Jacks），G.V.　140, 141, 143
シュルツ（Theodore），セオドア　24, 111
ショウ・ルフェイブル（Shaw-Lefevre），G.　101
ジョーンズ（Jones），R.M.　151
ジョンストン（Johnston），ジェイムズ F.W.　68, 78, 79, 83, 85, 87, 91, 93
ジョンソン（Johnson），カースベルト　64, 65, 77, 78
シンクレア（Sinclair），アプトン　193
スクロウプ（Scrope），G.P.　51
スタインベック（Steinbeck），ジョン　129
スタプルドン（Stapledon），R.G.　135
スタル（Stull），ドナルドD.　193
スミス（Smith），アダム　12, 17, 41, 50
スミス（Smith），ジョン　53, 55
スミス（Smythe），ウィリアム　105
スラッファ（Sraffa），ピエロ　36
千賀重義　14
ソリイ（Solly），エドワード　9

た・な 行

竹永進　13, 14
タッカー（Tucker），ルター　72
チェンバレン（Chamberlain），ジョセフ　112
チャドウィック（Chadwick），エドウィン　63, 67
テーア（Thaer），アルプレヒト　10, 11, 22, 23, 57, 58, 66
デイヴィ（Davy），ハンフリー　3, 5, 15, 19, 23, 25, 27, 70
デイヴィス（Davis），ジョセフ S.　119, 167
デイヴィス（Davis），チェスター　123, 156, 171
テューネン（Thünen），J.H. von　13, 58
トラワ（Trower），H.　6, 9, 34, 40, 43, 46, 52, 55, 56
トリマー（Trimmer），ジョシア　73
トルーマン（Truman），ハリー　172
ナウハイム（Nauheim），C.　174, 176, 181
ニューナム（Newenham），T.　50
ノールス（Knowles），L.C.A.　139

は 行

ハイアム（Higham），R.　181
パウエル（Powell），J.W.　98, 105
バージェス（Burges），ジョージ　73
ハート（Hurt），ダグラス　156
ハム（Ham），G.　139, 181
バーン（Burn），J.I.　65
ハンコック（Hancock），W.K..　134
ヒクソン（Hixson），W.L.　97
ピーコク（Peacock），G.　75
ヒュウインズ（Hewins），W.A.S.　112
ヒューム（Hume），ジョゼフ　45, 46
フィルモア（Filmore），ミラード　86
ブサンゴー（Boussingault），J.B.　68
プット（Putt），チャールズ　63–66
ブラウン（Browne），D.　44, 49
ブラック（Black），コリソン　8, 50, 51
ブリットネル（Britnell），G.E.　119,

131
フリーム (Fream), ウィリアム　108
ブルーアム (Brougham), ヘンリー　53
プレイス (Place), フランシス　41, 42
ブレル (Burrell), M.　117
フンボルト (Humboldt), アレクサンダー　33, 34, 70
ヘイシック (Heisig), カール　168, 169
ビクレー (Biklé), A.　24
ベネット (Bennett), ハンフリー　23, 130, 155
ベリヒ (Belich), ジェイムズ　119
ベル (Bell), アール　162, 164-66, 176
ポーター (Porter), G.R.　72
ポーター (Porter), ラッセル　151
ポーター (Porter), ロバート・P.　95-100, 105
ホプキンス (Hopkins), A.G.　115, 116
ホブソン (Hobson), J.A.　114
ホランド (Holland), R.　133, 134
堀経夫　19
ホワイト (White), スティーブン・E.　184
ホワイト (Whyte), R.O.　140, 141, 184

ま・や　行

マカロック (McCulloch), J.R.　42, 50, 51
マーシャル (Marshall), アルフレッド　112, 170, 174
マースフィールド (Masefield), G.B.　140
松尾太郎　37
マーティン (Martin), リチャード　53

マリー (Murray), K.A.H.　139
マリン (Malin), ジェイムズ・C.　160
マルクス (Marx), カール　14, 23, 26, 42, 50, 67, 71, 73, 79, 80, 83, 84, 95
マルサス (Malthus), トマス・R.　4, 7, 8, 10-12, 14, 20, 27, 28, 33, 34, 36-38, 47, 48, 79, 87, 107, 112
マルバット (Marbut), カーティス　22
水田健　17
水野祥子　140
ミル (Mill), J.S.　30, 36, 40
ミル (Mill), ジェイムズ　36, 40
ムーン (Moon), デイヴィッド　23, 160
メイズ (Mays), ウィリアム E.　176-78, 181, 183
モンタギュ (Montague), Lord R.　92, 94
モントメゴリー, D.　24

ヤング (Young), アーサー　10, 50, 65

ら・わ　行

ライト (Wright), C.P.　119, 123
ラヴェルニュ (Lavergue), L.de　71
ラスムッセン (Rasmussen), W.D.　172
ラッセル (Russell), ロバート　78, 86-88
リカードウ (Ricardo), デイヴィッド　第1-2章, 110, 112, 124
リスト (List), フリードリヒ　59, 60, 70-72, 76
リービヒ (Liebig), ハインリヒ v.　17, 19, 23, 24, 60-64, 66-68, 70-72, 75, 76, 79, 85-87, 124, 142
ルーズベルト (Roosevelt), フランクリ

ン　129, 175
レイムンド（Reimund），D.A.　190
レーガン（Reagan），ロナルド　180
レンチ（Wrench），E.　137
ローズ（Lawes），J.B.　93, 94

ロビンソン（Robinson），J.F.　50
ロングフィールド（Longfield），サミュエル　43

ワトソン（Watson），G.C.　139, 140

事項索引

あ 行

アイオワ　89-91, 95, 96, 100, 102-04, 114, 157, 158, 161, 189
アイルランド　6, 14, 29, 30, 32-56, 64, 84, 85, 114
アイルランド・カトリック　43, 45
アウタルキー　150
アーカンザス川　182
悪政　33-36, 38, 40-42, 45, 48, 49, 52, 56
アビリーン　188
アメリカ大砂漠　91, 121, 158
アラバマ　86
アルバータ　110, 114, 117, 119, 125, 137
アルゼンチン　116, 118, 121, 139
アルファルファ　177, 189
アレゲーニ山脈　95
アングロサクソン　81, 107
アンモニア　91
イタリア　149
移民労働者　134, 193, 194
イリノイ　80, 87-92, 94-97, 100, 102-04, 157, 158, 161, 189, 190
イリノイ・セントラル鉄道　88-90
イリノイ・ミシガン運河　88
インディアナ　80, 89, 92, 94, 95, 100, 102, 158
インド　64, 65, 77, 109, 113, 134, 147
ヴァージニア　82, 85
ウィスコンシン　80, 87, 89, 92, 94, 95, 100, 102
ウィチタ　188
ウィニペグ　109, 158
ヴェルモント　86
ウクライナ　118, 150, 160
エコノミー　138, 147, 150
エコロジー　138, 140, 147, 148, 150
エコロジカル帝国主義　77
エタノール　181
エネルギーコスト　187
エリー湖　81, 83
エレベーター　89, 108
王立農業協会　67, 75, 90, 108
オガララ帯水層　99, 176, 183-85, 188, 192, 193, 196
オクラホマ　97, 122, 128, 129, 146, 153, 158, 161, 164, 165, 176, 183, 188, 190, 191
オクラホマ州パンハンドル　164
オーストラリア　75, 109, 113, 115, 118, 119, 121, 133, 134, 136, 138, 139, 147
オタワ協定　132, 133, 149
オート麦　42, 46, 71, 82, 88, 96
オハイオ　83, 84, 88, 89, 95, 100, 103, 130, 158
オハイオ川　95, 96, 130
オランダ　39, 133
温室効果ガス　181
「オンデマンド人工雨」　183

か 行

外延的耕作拡張　15
海外投資　111, 115
価格支持　151, 153, 156, 168-70, 173
化学肥料　61, 72, 73, 128, 153, 154, 173, 181, 196
夏季休閑　119, 120, 122, 123, 138,

事 項 索 引

153, 169, 175
拡大ホームステッド法（1909年） 121, 122
「化石地下水」 183
化石燃料 173, 181
ガーデン・シティ 105, 190, 191, 193, 194
カナダ 65, 71, 79, 81, 82, 84, 85, 107-21, 123-25, 128-34, 137-39, 142, 151-53, 161
カナダ太平洋鉄道（CPR） 110
カナダ・ナショナルポリシー 110
カブ 4, 26
カリフォルニア 80, 84, 96, 99, 102, 184
灌漑 13, 98, 99, 105, 162, 173, 176-85, 187, 188, 192, 196
カンザス 95-98, 100, 105, 121-23, 128, 129, 146, 153, 158, 160-62, 164-66, 168, 175-85, 187-96
旱魃 98, 119, 121-23, 125, 127-33, 137, 138, 143, 147, 151-52, 156, 164, 165, 167, 169, 175, 177, 180-81, 185
気候変動 181
北ダコタ 97, 102, 103, 122, 126, 158, 161, 162, 168, 176, 188
ギブス商会 76
旧国 29-32, 35, 41, 42, 47, 48, 89, 93, 142
牛肉処理 190-94
グアノ 62, 63, 66, 69-78, 86
グラント郡 185
クリミア 60, 88, 160
クリミア戦争 88
グレイン・ソルガム 175, 177-80, 189
『経済学および課税の原理』 8, 29, 59
下水 60, 63, 65, 67
ケンタッキー 86, 100
降雨量 98, 105, 119, 121, 123, 129, 143, 152, 162, 164-68, 175, 179, 183, 184

耕作放棄地 188
公法480号 173, 174
国際主義 147, 148
国際連合食糧農業機関（FAO） 169
国際連盟 148, 150
穀物法 3, 5, 7, 9, 42, 59, 63-64, 66-69, 71, 74-75, 78-79, 87, 107, 110, 157
五大湖 100-04
黒海北部ステップ地帯 160
コネチカット 85
小麦 4, 6, 7, 9, 10, 13, 34, 37, 38, 42, 43, 46-48, 57-62, 64, 66, 69, 71, 72, 74, 78-105, 107-39, 141, 142, 146, 149-54, 157, 158, 160-62, 164-70, 172-82, 188, 195-97, 162
「小麦州」 179, 181, 196
『小麦州の生成』 195
小麦単作農業 138, 176, 178
小麦の余剰 167-70
小麦ブーム 117, 125
小麦ベルト 91, 97-99, 122-25, 153, 154, 161
小屋住農 40, 43, 47
コロラド 128, 146, 183, 185, 190, 191, 193
コーン・ベルト 105, 189, 190

さ　行

再植民 114
最劣等地 3, 8, 9, 12-16, 19, 21
サウスカロライナ 86
作付制限 133, 167, 169, 173
砂塵漂流 128
サスカチュワン 109, 114, 117, 119, 125, 131, 132, 137, 138
殺虫剤 153, 173, 196
サブレッテ 162, 176, 183
産出一定・投入増加 15
散水効率 182
サンタフェ鉄道 194

事 項 索 引

シカゴ　88-90, 100-04, 157, 188, 189, 193
自給自足　69, 95, 148, 150
資本蓄積　3, 17, 28, 29, 31, 32, 35, 41
シマロン郡　164
ジャガイモ　10, 30, 34, 37-39, 42-48, 51, 52, 54, 82
収穫逓減　7, 8, 13, 16, 32, 35, 47, 103, 112, 113, 121
収穫逓増産業　112
十分の一税　38, 44-46
集約的農業　68, 73, 84, 93, 103, 151
硝酸ナトリウム　77
商品信用公社（CCC）　167, 168
食肉加工　190
ジョージア　86
除草剤　153, 180, 182
飼料　4, 26, 42, 43, 58, 68-70, 72, 80, 89, 90, 96, 104, 108, 111, 128, 151-54, 169, 170, 174-79, 181, 182, 187-92, 195, 196
飼料穀物　174-79, 181, 182, 187-90, 192, 195, 196
人為的な浸食　145
『人口論』　4, 12, 20, 33, 36, 37
新国　29-32, 35, 41-45, 47, 48, 56, 79, 112, 114, 117, 118, 120, 121, 136, 141-43, 146
人造肥料　68, 69, 73
水食　129, 130
スコット・シティ　184
スコットランド　12, 49, 115
スーツケース・ファーマー　141, 146
スティーブンス郡　191
スティール・ボウ小作人　12
スムート・ホーレイ関税法（1930年）　149
西経98度　91, 157
生産調整　147, 180
世界恐慌　132, 135, 137, 149, 150
世界食料危機　169
石灰　22, 91, 122, 135, 143, 144, 171

セワード郡　166, 177, 191
1985年農業法　180
戦争　7, 9, 33, 42, 44, 63, 77, 86, 88, 89, 91-93, 96, 107, 122, 124, 134, 135, 140, 147-55, 157, 158, 160, 161, 167-72, 174, 188
センター・ピボット　99, 162, 182
セントルイス　89, 188
セント・ローレンス川　81-83, 90
そば　82
ソ連邦　150

た　行

大豆　180, 181, 189, 195
タイソン・フーズ社　192, 193
怠惰　32-38, 40-42, 47, 53, 56, 82
『大地のレイプ』　140, 141, 146, 147, 149, 150, 152-54, 197
第二の農業革命　172
大平原　91, 94, 97-100, 117, 119-30, 136-38, 140, 142, 146, 151-54, 156, 158, 160-62, 164, 165, 168, 169, 173-76, 181, 183, 184, 188-91, 197
『大平原の将来』　99, 122, 129, 140
大陸横断鉄道（1869年）　88
ダスト・ボウル　99, 122, 127-30, 132, 136-40, 143, 146-47, 151-55, 162, 164-66, 171, 175-77, 181, 187, 197
多年生草　144
煙草　82, 85, 86, 130
タンガニーカ　156
ダンツィヒ　9
団粒構造　128, 143-46
窒素　70, 171, 172
帝国内自給不能　134
テキサス　97, 100, 121, 122, 128, 129, 146, 152, 153, 158, 161, 183-85, 188-91
テネシー　86, 100, 147
デンマーク　132

205

ドイツ　7, 9-11, 13, 17, 57-60, 62, 70, 71, 75, 133, 149, 150, 161, 168
投入一定・産出低下　15
トウモロコシ　83, 88, 96, 98, 99, 104, 130, 157, 162, 168, 170, 171, 173, 175-81, 187, 189, 195, 196
ドライ・ファーミング　119, 122, 123, 138, 151
トラクター　127, 128, 131, 139, 161
土壌浸食　23, 24, 81, 107, 129, 130, 133, 135, 138-43, 146-51, 153-55, 169-71, 182, 183
『土壌と人間』　129
土壌保全　23, 130, 139, 140, 147-49, 151-53, 155, 156, 171
土壌保全・国内割当法（1936年）　133, 150
土地テクノロジー　155, 172
ドッジ・シティ　191, 194
Turkey wheat　160
トルコ　147, 160, 161
奴隷飼育農業　82

な 行

内地植民　105
内包的耕作拡張　15
ナショナリズム　147-50
南海諸島　33-35, 37, 40
南北戦争　86, 89, 91-93, 96, 107, 157, 158, 160, 188
日本　196
ニューイングランド　81, 86, 89, 158
ニューオリンズ　90
ニュー・スペイン　33, 34
ニューデール　151, 153, 155
ニューハンプシャ　86
ニュー・ブランズウィック　79, 84
ニューメキシコ　128, 190
入植者植民地主義　97
「人間が作り出した砂漠」　146
ネブラスカ　95-100, 103, 114, 121, 122, 158, 161, 176, 183, 184, 189-91
農業機械化　127
農業調整法（1933年：AAA）　133, 167
『農業保護論』　6, 7, 9, 13, 27, 42
農産物貿易発展と援助法　173, 174
農村電化　154
ノーザンパシフィック鉄道　97
ノーフォーク輪作　4, 68
ノルウェイ　133

は 行

排泄物，糞尿　63-67, 70
ハイ・ファーミング　68, 71, 72, 75, 76, 78, 79, 87, 93, 108
ハイ・プレインズ　100, 105, 183-85
バッファロー　83
ハドソン湾会社　108
パリサーズ・トライアングル　117, 137
パリティ・レート　124
バルト海沿岸　65, 79, 87, 107
パレスティナ　147
半乾燥地帯　105, 119, 123, 129, 132, 138, 142-44, 164, 183
「ひき肉国民」　191
微生物　24
ヒューロン湖　183
肥料　4-6, 13, 15-17, 24-28, 58-76, 78, 80, 81, 84-87, 89, 93, 94, 96, 98, 108, 122, 128, 130, 143-45, 153, 154, 170, 171, 173, 181-83, 187, 196
貧国　39-41
「ファウスト的取引」　183
フィード・ロット　178, 189, 190
フィネー郡　190, 191, 193
フィラデルフィア　90
フィールディング関税　114
風食　129, 130
賦役　11
フォード郡　191

富国　39, 41
不在地主　38, 49-52, 55, 164
豚　43, 55, 88, 104, 155, 194, 195
物質転換　77
フムス　23, 58, 149
ブラジル　116, 133
フランス　12, 14, 64, 65, 71, 82, 90, 149
ブリティッシュ・コロンビア　110
プレーリー　87, 90, 94-98, 100, 104, 108-10, 112-15, 117, 118, 128, 129, 131, 132, 136-38, 142, 144-46, 157, 161, 189, 190
プロイセン　8-10, 57
ブロイラー　191
プロワーズ郡　193
分役小作人　12
ペルー　70, 74-78, 86
ベルギー　64, 133
ペンシルヴァニア　85
防風林　152
牧草　4, 30, 71, 88, 90, 91, 104, 111, 149, 151, 153, 157, 178, 188-89, 191
ホット・スプリングス会議　151, 152
骨, リン　70, 171
ホームステッド法（1862年）　88
ポーランド　7-10, 13, 33-35, 37-40, 43, 57-60, 80, 92, 107, 150
ボリビア　77
「本源的で不滅な力」　18, 20, 21

ま　行

マーキス種　118
マサチューセッツ　85
マーシャル・プラン　170
マニトバ　108-09, 114, 117, 119, 125
ミシガン　80, 83, 84, 87-89, 92, 94, 95, 100, 102
ミシガン・サウス線　89
ミシシッピ川　88, 90, 91, 98, 121, 130, 157

「水危機」　184
ミズーリ　87, 89, 95, 100, 161, 189
南アフリカ　113, 139, 147
南ダコタ　104, 122, 126, 183, 188
ミネソタ　87, 90, 91, 95, 96, 100, 103, 109, 114, 117, 157, 158
無機栄養説　24, 61
メイン　86
メノナイト　160
メリーランド　85, 86
綿　5, 55, 64, 65, 82, 86, 92, 130, 151, 168
モートン郡　165
モンタナ　96-98, 117, 121, 122, 126, 129, 161, 188
モントリオール　90, 115
モンフォート社　193

や〜わ　行

輸出補助金　173
揚水ポンプ　99, 178, 182
「汚れた30年代」　152
余剰農産物　147, 154, 170, 174
ライ麦　10, 57, 58, 61, 82, 96
ラマー　193
『利潤論』　6, 7, 15, 18, 20, 27, 30
リベラル　177, 191, 194
略奪農業　17, 76, 79, 85, 86, 124, 147
レッド・ファイフ種　118
連邦農業金融法（1916年）　124
ロザムステッド農業試験場　141
ロシア　10, 13, 22, 43, 65, 80, 88, 147, 160, 161
ロッキー山脈　91, 95, 121, 158, 184
ロード・アイランド　85
ロンドン　53, 65-67, 77, 90, 95, 104, 115, 141, 197
ロンドン地質学会　19
ワイオミング　183

服部　正治（はっとり・まさはる）
1949 年生まれ。立教大学名誉教授。
〔著訳書〕『穀物法論争』（昭和堂，1991 年），サミュエル・ホランダー『古典派経済学──スミス・リカードウ・ミル・マルクス』（共訳，多賀出版，1991 年），『経済学のオプティクス』（共編，ミネルヴァ書房，1994 年），『自由と保護──イギリス通商政策論史』（ナカニシヤ出版，1999 年），『イギリス 100 年の政治経済学』（共編，ミネルヴァ書房，1999 年），『経済政策思想史』（共編，有斐閣，1999 年），『回想　小林昇』（共編，日本経済評論社，2011 年），『イギリス食料政策論──FAO 初代事務局長 J.B. オール』（日本経済評論社，2014 年），『穀物の経済思想史』（知泉書館，2017 年：経済学史学会賞）他。

〔穀物輸出の代償〕　　　　　　　　　ISBN978-4-86285-433-9

2025 年 4 月 25 日　第 1 刷印刷
2025 年 4 月 30 日　第 1 刷発行

著 者　服　部　正　治
発行者　小　山　光　夫
印刷者　藤　原　愛　子

発行所　〒 113-0033 東京都文京区本郷 1-13-2
　　　　電話 03 (3814) 6161 振替 00120-6-117170
　　　　http://www.chisen.co.jp
　　　　株式会社 知泉書館

Printed in Japan　　　　　　　　　印刷・製本／藤原印刷

穀物の経済思想史
服部正治　　　　　　　　　　　　　　　　　　菊/488p/6500 円

文明社会の貨幣　貨幣数量説が生まれるまで
大森郁夫　　　　　　　　　　　　　　　　　　A5/390p/6000 円

スコットランド啓蒙の社会理論　〔知泉学術叢書〕
C. J. ベリー／坂本達哉・壽里竜訳　　　　　　　新書/508p/6200 円

経済学のエピメーテウス　髙橋誠一郎の世界をのぞんで
丸山　徹編　　　　　　　　　　　　　　　　　菊/452p/7000 円

重商主義　近世ヨーロッパと経済的言語の形成
L. マグヌソン／熊谷次郎・大倉正雄訳　　　　　A5/414p/6400 円

重商主義の経済学
L. マグヌソン／玉木俊明訳　　　　　　　　　　A5/384p/6200 円

産業革命と政府　神の見える手
L. マグヌソン／玉木俊明訳　　　　　　　　　　A5/304p/4500 円

自由主義経済の真実　リュエフとケインズ
権上康男　　　　　　　　　　　　　　　　　　四六/292p/3200 円

ドイツ経済を支えてきたもの　社会的市場経済の原理
島野卓爾　　　　　　　　　　　　　　　　　　菊/202p/3000 円

アジア通貨・金融危機，および中国の台頭　理論・実証分析
青木浩治　　　　　　　　　　　　　　　　　　菊/382p/6000 円

北朝鮮経済史　1910-60
木村光彦　　　　　　　　　　　　　　　　　　四六/176p/2700 円

北朝鮮の内部文書集　第1巻　ソ連軍政期―建国初期
木村光彦編訳　　　　　　　　　　　　　　　　A5/528p/7200 円

旧ソ連の北朝鮮経済資料集　1946-1965 年
木村光彦編訳　　　　　　　　　　　　　　　　B5/516p/20000 円

北朝鮮の軍事工業化　帝国の戦争から金日成の戦争へ
木村光彦・安部桂司　　　　　　　　　　　　　菊/350p/6800 円

戦後日朝関係の研究　対日工作と物資調達
木村光彦・安部桂司　　　　　　　　　　　　　菊/344p/6500 円

（本体価格，税抜表示）